CAD/CAM 工程范例系列教材

中望 3D 建模基础

第 2 版

主编 高平生

参编 黄书经 吕仙银 辛 旭

机械工业出版社

本书以中望3D 2021软件三维设计模块为线索，以任务实例为"抓手"，按照"互联网+"的思维模式，对三维建模、参数化设计与工程图等模块进行全面细致的讲解，内容涵盖一般工程设计的常用功能，由浅到深、循序渐进地介绍中望3D 2021软件的基本操作及命令的使用，包括界面环境及草图设计、实体建模、曲面建模、装配与装配动画、中望3D工程图与零件的参数化设计、考证实例讲解共7个项目。

本书语言通俗易懂，内容讲解到位，并配以大量的实例，详细讲述了每个典型产品的设计过程，读者可以根据书中讲解的步骤，轻松完成复杂产品的造型设计，全面提升三维设计能力。书中任务实例具有很强的实用性、操作性和代表性，突出专业性、层次性和技巧性等特点。每个项目均配有练习题，方便读者在学习过程中练习。

本书可作为职业院校机械类相关专业的教材和"1+X"《机械产品三维模型设计职业技能等级标准》的培训教材，也可作为工程技术人员培训及参考用书。

为便于教学，本书配套有课程标准、电子课件、电子教案、微课和操作视频、试题库、素材库和动画等丰富的教学资源，选择本书作为教材的教师可登录www.cmpedu.com网站，注册、免费下载。

图书在版编目（CIP）数据

中望3D建模基础/高平生主编. —2版. —北京：机械工业出版社，2022.2（2025.1重印）

CAD/CAM工程范例系列教材

ISBN 978-7-111-69883-8

Ⅰ.①中… Ⅱ.①高… Ⅲ.①计算机辅助设计-应用软件-职业教育-教材 Ⅳ.①TP391.72

中国版本图书馆CIP数据核字（2021）第260233号

机械工业出版社（北京市百万庄大街22号 邮政编码100037）
策划编辑：黎 艳　　　　　责任编辑：黎 艳
责任校对：潘 蕊 李 婷　封面设计：张 静
责任印制：张 博
北京建宏印刷有限公司印刷
2025年1月第2版第11次印刷
184mm×260mm · 16.25印张 · 398千字
标准书号：ISBN 978-7-111-69883-8
定价：49.80元

电话服务　　　　　　　　网络服务
客服电话：010-88361066　机 工 官 网：www.cmpbook.com
　　　　　010-88379833　机 工 官 博：weibo.com/cmp1952
　　　　　010-68326294　金 书 网：www.golden-book.com
封底无防伪标均为盗版　机工教育服务网：www.cmpedu.com

第2版前言

中望 3D 软件是一款基于中望自主三维几何建模内核的三维 CAD/CAM 一体化软件,具备强大的混合建模能力,本书以中望 3D 软件三维设计模块为线索,结合"新型工业化"和"工业 4.0"对技术技能型人才的新需求,深入贯彻党的二十大精神,增强职业教育适应性,以任务实例作为"抓手",按照"互联网+"的思维模式,主要介绍中望 3D 2021 软件的三维建模、参数化设计与工程图等模块,并将新技术、新工艺、新规范标准纳入教学内容,重点强调培养读者利用软件进行零件三维建模、装配仿真和制作标准工程图的能力,以及精益求精的工匠精神,帮助学生掌握利用中望 3D 软件进行机械产品设计开发的基本技能和技巧。

本次修订完善了适合职业院校学生学习、企业设计人员在岗培训的真实案例并提炼了知识目标、能力目标,同时以素质目标的形式融入了职业素养和工匠精神,体现职业院校课程与教材内容的一体化设计和融合创新。

本书力求体现以下的特色:

1. 对标"1+X"《机械产品三维模型设计职业技能等级标准》要求

本书在内容上做了整体安排,其中项目 1 对标初级证书中的机械零件设计工作领域,项目 2 和项目 3 对标中级证书中的机械部件设计工作领域,项目 4 对标初级、高级证书中的机械部件设计工作领域,项目 5 对标初级、中级、高级证书中的机械部件设计工作领域,项目 6 对标高级证书中的机械产品设计工作领域。

2. 体现新模式

为了使读者更快地掌握该软件的基本功能,本书采用任务驱动的编写模式,以任务实例为引导,结合大量实例对中望 3D 软件中的一些抽象的概念、命令和功能进行讲解,以实例的形式讲述实际产品的设计过程,使读者能较快地进入设计状态,突出"做中教,做中学"的职业教育特色,加深对知识点的掌握,力求通过实例的演练帮助读者找到学习中望 3D 软件的捷径。

3. 突出素养提升

本书在具体讲解的过程中,严格遵守机械设计相关规范和国家标准,培养学生严谨细致的工程素养,传播规范的工程设计理论与知识;注重培养学生爱岗敬业、遵纪守法的职业素养,达成互帮互助、团结协作的优良品质和一丝不苟、精益求精的工匠精神。

本书由宁德职业技术学院高平生主编并统稿,是宁德职业技术学院和广州中望龙腾软件股份有限公司联手打造的案例教程。其中吕仙银编写项目 1、项目 4,高平生编写项目 2、项目 3 和项目 5,黄书经、辛旭编写项目 6、项目 7。本书在编写过程中得到了中望软件工程师吴军、张大鹏、吴道吉、黎江龙的大力支持,在此表示衷心感谢。

在编写过程中,编者参阅了国内外出版的有关教材和资料,在此一并表示衷心感谢!

由于编者水平有限,书中不妥之处在所难免,恳请读者批评指正。

编 者

第1版前言

近年来，CAD/CAM（计算机辅助设计与制造技术）在越来越多的行业中广泛应用，遍地开花，使得各行各业发生翻天覆地的变革，极大地推动了整个社会快速向前发展，促进了传统产业和新兴产业的深度连接。

本书为 CAD/CAM（计算机辅助设计与制造技术）工程范例系列教材之一。本书是由学校和企业联手打造的案例教程，是校企合作在教学、培训和大赛中的总结。为贯彻国家提出的"中国制造 2025"行动纲领，本书在编写过程中围绕"培养技能、重在应用"的中心思想，针对职业教育的实际情况，从行业的实际应用出发，以教学应用为基础，以掌握设计建模通用技术为目标，重点培养设计创新及意图表达的能力。

本书以中望 3D 软件为载体，着重介绍了计算机辅助设计部分的通用技术。全书系统性强，编写模式新颖，共分七个项目，包含界面环境及草图设计、实体建模、曲面建模、装配与装配动画、中望 3D 工程图、实例应用、毛球修剪器的点云处理，前后各章节联系紧密，书中的案例经典实用，均经过实践检验，在行业、教学领域有很强的代表性。

本书适用于中高职院校及技工院校机械类、非机械类专业学生，也可以用于拓展专业知识，培养一技之长，扩大学生择业转岗的范围。

全书共七个项目，由宁德职业技术学院高平生主编。具体分工如下：宁德职业技术学院张国强编写项目一，宁德职业技术学院高平生编写项目二、项目四~项目六，宁德职业技术学院洪斯玮编写项目三和项目七。

本书在编写过程中还得到了广州中望龙腾软件股份有限公司的大力支持，提出了宝贵的意见和建议，在此表示衷心感谢。

科技发展日新月异，且编者水平有限，本书难免有不足之处，望读者提出宝贵意见。

编　者

二维码索引

中望3D建模基础 第2版

（续）

序号	名　　称	二维码	页码	序号	名　　称	二维码	页码
19	小鼠标设计2		67	29	相机壳外形2		94
20	小鼠标设计3		67	30	相机壳外形3		94
21	小鼠标设计4		67	31	汤匙的设计1		104
22	小鼠标设计5		67	32	汤匙的设计2		104
23	放样曲线的创建		68	33	汤匙的设计3		104
24	面偏移的使用		71	34	汤匙的设计4		104
25	阵列特征的使用		73	35	曲线列表的创建		109
26	瓶子外观设计1		87	36	拉手设计1		114
27	瓶子外观设计2		87	37	拉手设计2		114
28	相机壳外形1		94	38	拉手设计3		114

VI

（续）

（续）

序号	名　称	二维码	页码	序号	名　称	二维码	页码
59	六角头螺栓参数化设计 2		209	65	齿轮参数化中参数的修改		218
60	六角头螺栓参数化设计 3		209	66	齿轮模数		218
61	六角头螺栓参数化设计 4		209	67	齿轮装配		219
62	齿轮参数化设计 1		213	68	斜齿圆柱齿轮左旋右旋判断		227
63	齿轮参数化设计 2		213	69	斜齿轮参数化设计		228
64	生成渐开线		215	70	爆炸视图的生成		147

目　录

项目1

界面环境及草图设计

本项目对标 "1+X"《机械产品三维模型设计职业技能等级标准》（后面项目省略）

知识点

（1）初级能力要求 1.3.1　能够运用尺寸编辑知识，对几何形体进行尺寸修改。

（2）初级能力要求 1.3.3　能够运用基础编辑功能，对几何形体进行阵列、镜像修改。

（3）初级能力要求 1.3.4　能够运用工程特征功能，对几何形体进行圆角、倒角、拔模修改。

任务1　绘制凸轮草图

任务目标

1. 知识目标

（1）掌握新建零件、保存文件及插入草图的方法。

（2）掌握圆、圆弧及直线等草图基本绘图命令的使用和曲线的修剪。

（3）掌握尺寸的标注及约束的应用。

（4）掌握草图约束和编辑功能。

2. 能力目标

（1）能够正确地使用三维 CAD 软件常用功能，如新建零件、保存文件等。

（2）能够正确完成图形的移动、旋转、放大与缩小等。

（3）能够绘制圆、圆弧及直线，并根据要求进行修剪线条。

（4）能够选择正确的草图约束。

3. 素质目标

（1）通过凸轮草图的绘制，能对草绘模块有较深入的认识，能够根据要求进行草绘平面的选择，对比在不同的草绘平面绘制得到不同的效果，理解机械设计中二维与三维绘图的不同，为培养工程人员在从事技术工作中应具备的素养和品质奠定基础。

（2）能选择不同的方法完成凸轮草图的绘制，通过对比进一步理解圆、圆弧及直线的绘制与草图约束与编辑命令的使用，具备熟练运用三维 CAD 软件绘制二维草图的能力。

（3）通过学生自主完成习题，培养其面对问题时从多方面思考与自主寻找解决办法的意识和习惯。

任务描述

完成图 1-1 所示凸轮草图的绘制。

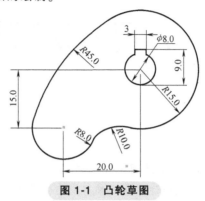

图 1-1　凸轮草图

凸轮草图
的绘制

任务分析

　　本任务的目标是绘制凸轮草图，通过曲线的绘制、曲线的编辑、草图标注及约束等基本操作来完成凸轮草图的绘制，在绘制凸轮草图过程中了解中望 3D 软件的界面环境及草图环境。草图是构建模型的基本元素，一个完整的草图需要有足够的尺寸标注及约束来满足设计要求。本任务通过了解中望 3D 软件的界面环境及草图环境，并分析凸轮草图的绘制思路，通过草图绘制及草图控制两个方面最终来实现凸轮草图的绘制。

任务实施

一、软件的基本介绍

　　双击桌面上的"中望 3D 2021 教育版"快捷方式，进入初始界面，如图 1-2 所示。

图 1-2　初始界面

1. 新建文件

单击"新建"图标，进入新建文件选择界面，选择"零件/装配"，命名为"凸轮草图"并保存，注意保存位置，保存类型为默认的"*.Z3"，如图1-3所示。

图1-3　创建凸轮草图

🔍 注意：如果没有修改文件保存位置，在 Windows7 系统下，中望 3D 软件是将文件保存在桌面文件夹 Administrator\Documents\ZW3D 的路径下；在 Windows10 系统下，中望 3D 软件是将文件保存在"此电脑\文档\ZW3D"的路径下，如图1-4所示。

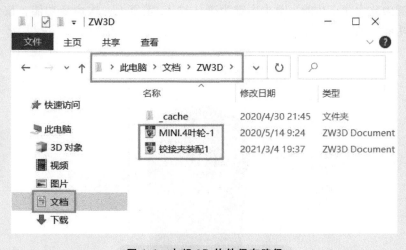

图1-4　中望 3D 软件保存路径

单击"确定"进入设计界面，中望 3D 软件的设计环境主要包括标题栏、工具栏、选择过滤区、管理区、提示栏、历史回放区、绘图区、DA 工具栏和信息栏9个部分，如图1-5所示。

2. 快捷操作工具

在后续学习中望 3D 软件中，有效地使用快捷方式，可以更高效地完成设计任务。进

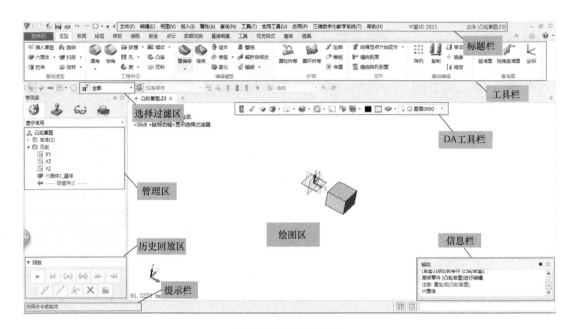

图 1-5 设计界面

入设计界面后，需用到中望 3D 软件的快捷键，快捷键的使用主要有鼠标应用及右键快捷键。

1）鼠标应用。鼠标左键的功能是选择对象，<Ctrl + 左键>功能为选择/取消选择，<Shift+左键>功能为相切选择。鼠标右键功能为右键快捷菜单，按住右键移动实现旋转功能。滚动中键为放大缩小功能，单击中键为确认输入/重复上一次命令功能，按住中键移动为移动视图功能，如图 1-6 所示。

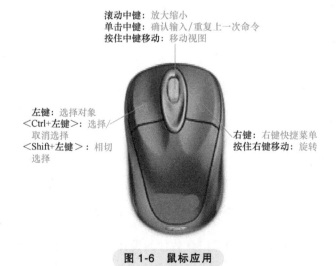

图 1-6 鼠标应用

2）右键快捷键。右键快捷键主要有两种方式，一种是在工作区域的空白处单击鼠标右键，一种是在相关图素上单击鼠标右键，如图 1-7 所示。

在空白处
单击右键

在实体面单击右键

在实体边单击右键

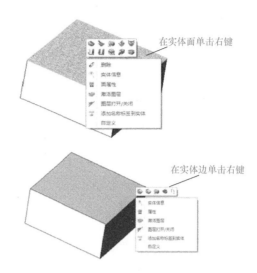

图1-7 右键快捷键

说明：中望3D软件可自定义快捷键，单击"工具"菜单下的"自定义"命令，选择"热键"选项卡，查找需要设置的命令功能，在右边输入快捷方式，如图1-8所示。

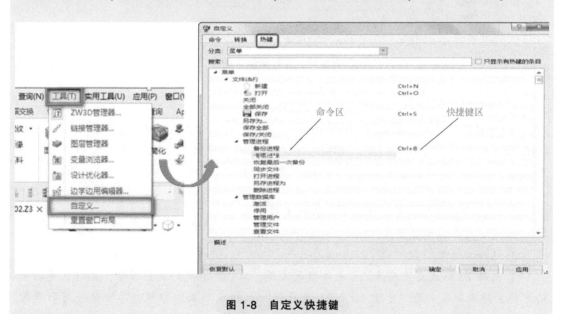

命令区

快捷键区

图1-8 自定义快捷键

3. 文件保存

新建的文件可直接进行保存，文件保存有两种方式，第一种方式是直接单击软件左上角的"保存"图标，第二种方式是选择"文件"下拉菜单中的"保存"，如图1-9所示。

单击"保存"后进入保存文件界面，选择文件保存位置后单击"保存"，即可实现对文件的保存，如图1-10所示。

图1-9 保存文件方式

图1-10 保存文件界面

★说明如下。

1）如果已有文件，需采用"打开/输入"方式。中望3D软件可以直接打开主流三维CAD软件文件，也可输入、输出 IGES/STEP/Parasolid 等第三方软件格式文件，可输出2D/3D PDF，以及输出高质量图片，操作方便且功能较强。

打开文件步骤如下。

① 单击"打开"图标，进入文件选择界面。

② 选择文件存储位置。

③ 选择文件类型。

④ 选择Z3格式文件或第三方软件格式文件，双击要打开的文件即可，或将需要打开的文件直接拖放到桌面"中望3D 2021 教育版"的快捷方式上即可，其中第一种打开方式如图1-11所示。

2）保存其他格式文件，需采用"输出"方式。输出其他类型格式文件步骤如下。

① 单击软件左上角"文件"图标。

② 选择下拉菜单中的"输出"，进入文件输出选择界面。

③ 选择存储位置。

④ 更改文件名。

图 1-11　打开文件操作界面

⑤ 选择保存文件类型。

⑥ 单击 "保存" 即可输出文件，如图 1-12 所示。

图 1-12　输出文件操作界面

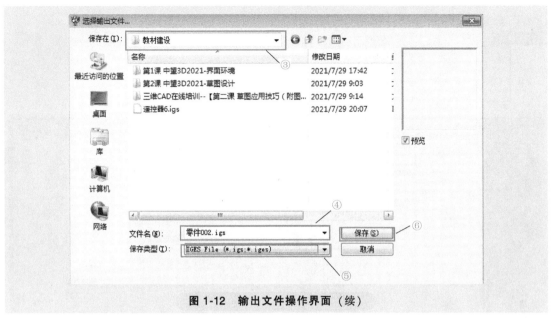

图1-12　输出文件操作界面（续）

4. 进入草图设计环境

在"造型"选项卡中选择"基础造型→插入草图"，草绘平面为"XY"，进入草图设计环境，如图1-13所示。

图1-13　插入草图方式一

说明：进入草图的方式还有如下另外三种。

（1）进入草图方式二　在空白区单击鼠标右键弹出快捷菜单，选择"插入草图"，如图1-14所示。

（2）进入草图方式三　单击"插入"菜单中的"插入草图"，如图1-15所示。

（3）进入草图方式四　选择一个基准平面，然后单击鼠标右键弹出快捷菜单，选择"草图"，如图1-16所示。

图1-14　插入草图方式二

图1-15　插入草图方式三

图1-16　插入草图方式四

插入草图后进入草图界面环境，如图 1-17 所示。

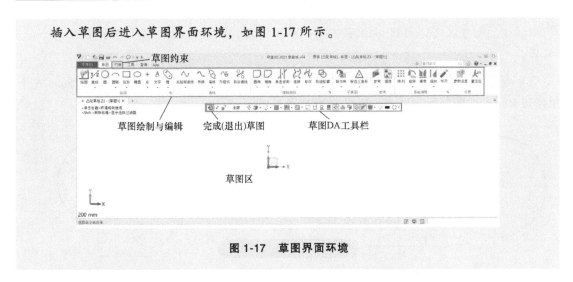

图 1-17　草图界面环境

二、凸轮草图的绘制思路

绘制草图主要是做一些简易图形的绘制，草图与工程图不一样，不能作为技术文件来进行存档。草图是构建三维模型的基础，草图主要是绘制一些零件所需要的二维轮廓线。

绘制凸轮草图首先要考虑坐标原点的放置，一般的草图，其坐标原点的放置主要有两种情况，第一种情况是坐标原点放置于草图的几何中心，第二种情况是坐标原点放置于圆或圆弧的圆心处。在本任务中，凸轮草图的坐标原点应选择第二种情况较为合适。分析图样可看出 ϕ8mm 键槽的圆心是草图的设计基准，可优先选择 ϕ8mm 键槽的圆心作为坐标原点。

中望 3D 软件中草图的绘制与传统二维软件有非常明显的区别，传统二维软件在绘制二维轮廓线时，需直接赋予轮廓线相应的参数（例如画圆时需直接定义圆的直径或半径），中望 3D 软件绘制二维轮廓线可先绘制出轮廓，而轮廓的参数可通过尺寸标注和草图约束等命令后续来完成设置。

三、凸轮草图的绘制

1）绘制 R15mm 圆。首先，选择"造型"选项卡下的"草图"组，在草图窗口中选择三个基准平面中的任意一个平面，如"XY"基准面，相应地在左侧必选项的"平面"栏中显示"Default CSYS_XY"，确认所选平面，进入草图环境，如图 1-18 所示。

图 1-18　选择草绘平面

💡 注意：如果是选择"XY"基准面作为草绘平面，可通过按 2 次鼠标中键进入草绘环境。

然后选择工具栏上的"圆"命令，进入"圆"命令栏，在绘制工具中可以选择"边界""半径""通过点""两点半径""两点"等方式创建草图圆，本例选择"半径"进行绘制，并以坐标原点为圆心，半径为 15mm，绘制 R15mm 的圆，如图 1-19 所示。

说明：也可以通过"圆→边界"先随意绘制圆，而后通过尺寸标注来绘制 $R15\text{mm}$ 的圆。

2）绘制 $R8\text{mm}$ 圆。选择"草图→圆"或单击中键进入"圆"命令栏，在 $R15\text{mm}$ 左下角绘制 $R8\text{mm}$ 的圆并标注尺寸，如图 1-20 所示。

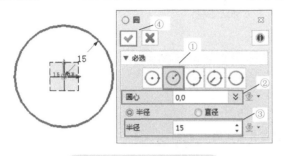

图 1-19 绘制 $R15\text{mm}$ 圆

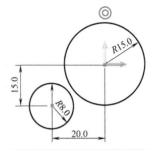

图 1-20 绘制 $R8\text{mm}$ 圆

★说明如下。

1）也可以通过"圆→边界"先随意绘制圆，而后再通过尺寸标注来绘制 $R8\text{mm}$ 的圆。

2）尺寸标注。

快捷菜单选择"约束→快速标注"进入"快速标注"命令栏，①点 1 选择 $R15\text{mm}$ 圆心；②点 2 选择 $R8\text{mm}$ 圆心；③将鼠标移动到 $R15\text{mm}$ 与 $R8\text{mm}$ 两圆心之间的上方，如图 1-21 所示。

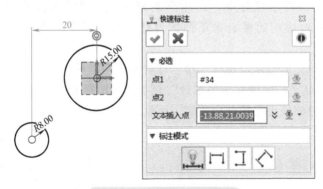

图 1-21 快速标注命令栏

单击左键，进入"输入标注值"命令栏，输入尺寸 20mm，单击"确定"完成 X 方向中心距尺寸的标注，如图 1-22 所示。

图 1-22 尺寸输入

以同样的方式标注 $R8mm$ 与 $R15mm$ 在 Y 方向中心距尺寸，在标注 Y 方向尺寸时，鼠标需移动到 $R8mm$ 与 $R15mm$ 两圆心的左侧或右侧。

💡 **注意**：在标注尺寸过程中，如果尺寸标注错误，可直接在需更改的尺寸位置双击鼠标左键，重新进入输入标注值命令栏，更改相应尺寸。

3）绘制圆弧。选择"草图"选项卡下的"绘图→圆弧"命令进入"圆弧"命令栏，①选择"通过点"；②点 1 选择 $R8mm$ 圆上任意点；③点 2 选择 $R15mm$ 圆上任意点；④通过点随意选取；⑤确定绘制第 1 条圆弧，并以同样的步骤绘制第 2 条圆弧，如图 1-23 所示。

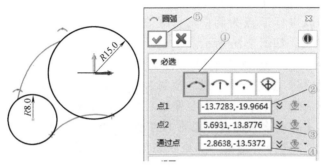

图 1-23　绘制两圆弧

💡 **注意**：任意点的选择也不是随意选取，要跟图样上圆弧的位置接近，圆弧的方向也要与图样圆弧方向一致。

思考：用其他的方式来绘制这两圆弧。

4）圆弧进行约束。选择"约束→添加约束"进入"添加约束"命令栏，①在工作区选择圆弧 1；②选择 $R8mm$ 圆；③选择两曲线约束为相切；④确定，完成圆弧 1 与 $R8mm$ 圆的相切约束，以同样的步骤约束圆弧 1 和 $R15mm$ 圆为相切，圆弧 2 与 $R8mm$、$R15mm$ 圆为相切，标注圆弧 1 为 $R45mm$，圆弧 2 为 $R10mm$，如图 1-24 所示。

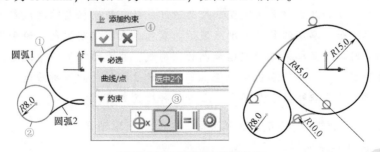

图 1-24　圆弧约束与标注

草绘曲线
的修剪

5）修剪。单击"草图→修剪/延伸"小三角图标，修改为"单击修剪"，进入"单击修剪"命令栏，单击位置 1 和位置 2 修剪多余的线，如图 1-25 所示。

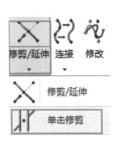
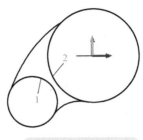
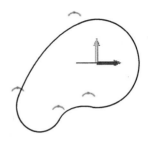

图 1-25　修剪曲线

6）绘制圆。选择"草图→圆"进入"圆"命令栏，①选择"直径"；②以坐标原点为圆中心；③直径为 8mm；④确定绘制 φ8mm 的圆，如图 1-26 所示。

7）绘制直线与修剪。选择"草图"选项卡下的"绘图→直线"命令，进入"直线"命令栏，绘制 3 条直线，直线 1 和直线 3 要保证相互垂直，直线 2 要保证水平，对 3 条直线进行尺寸约束，并修剪多余曲线，如图 1-27 所示。

8）查看约束情况。选择"约束→约束状态"，查看草图的约束情况，如图 1-28 所示。

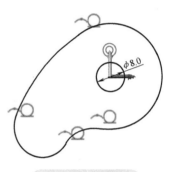

图 1-26　绘制圆

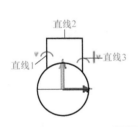
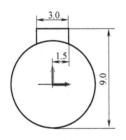
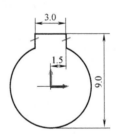

图 1-27　绘制直线与修剪曲线

图 1-28　草图约束情况

说明：在查看草图的约束状态时，如果草图的颜色为蓝色，则为满约束状态，在这种情况下，草图的位置和尺寸都无法改变。此时通过鼠标来拖动任意轮廓线都无法让其位置和形状发生变化。如果草图的某些轮廓线显示为黑色，表明这些黑色的轮廓线还没有完全被约束，如果此时通过鼠标来拖动这些黑色的轮廓线，黑色的轮廓线会随着鼠标的拖动出现位置和尺寸的变化。如果轮廓线为红色，那么表示这些红色的轮廓线过约束，要么尺寸被重复标注，要么位置状态被重复约束，或者两种情况都有。

9）退出草图。隐藏 XY、XZ、YZ 基准面，关闭"三重轴显示"，完整草图如图 1-29 所示。

★说明如下。

1）退出草图。

①单击 D/A 工具栏中的"退出"图标，如图 1-30 所示。

图 1-29　完整草图

图1-30　退出草图方式一

② 单击鼠标右键弹出右键快捷栏，单击"退出"图标，如图1-31所示。

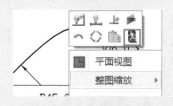

图1-31　退出草图方式二

2）隐藏XY、XZ、YZ基准面，关闭"三重轴显示"。

退出草图后，单击"历史管理器→视觉管理"，选择"三重轴显示"和"显示隐藏"为关闭，如图1-32所示。

图1-32　隐藏XY、XZ、YZ基准面，关闭"三重轴显示"

学习小结

本任务主要是了解中望3D软件的界面环境及草图环境，通过介绍一个简单的凸轮草图设计，并分析凸轮草图的绘制思路，了解中望3D软件草图设计中的一些最基本、常用的命令，包含草图中圆、直线和圆弧的绘制，曲线编辑中的单击修剪命令，圆弧与圆弧的相切约束和尺寸标注的具体应用，这些功能必须熟练掌握。

练习题

试通过多段圆弧及尺寸标注来绘制凸轮草图。

说明：采用多段圆弧指令先绘制出凸轮形状，通过草图尺寸标注与约束指令来最终完成草图的绘制。

任务2 绘制支架草图

任务目标

1. 知识目标

（1）掌握主视图与左视图草绘平面的选择方法。

（2）掌握圆、圆弧及直线的绘制。

（3）掌握曲线的修剪，圆角的绘制及镜像的使用方法。

（4）掌握尺寸标注及约束的应用。

2. 能力目标

（1）能够根据尺寸要求绘制圆、圆弧及直线。

（2）能够根据要求正确选择草绘平面。

（3）能够选择正确地进行尺寸标注与草图约束。

（4）能够正确使用曲线修剪、圆角、镜像等命令。

3. 素质目标

（1）通过支架草图的绘制，能对草图绘制有进一步的认识，能够将草绘知识与机械制图与计算机绘图相关知识联系起来，提升学生的识图能力。

（2）能选择不同的方法完成支架草图的绘制，通过对比进一步理解圆、圆弧及直线的绘制与草图约束与编辑命令的使用，具备熟练运用三维CAD软件绘制二维草图的能力。

（3）通过学生自主完成学习任务，培养其养成独立思考的习惯。

任务描述

完成图1-33所示支架草图的绘制。

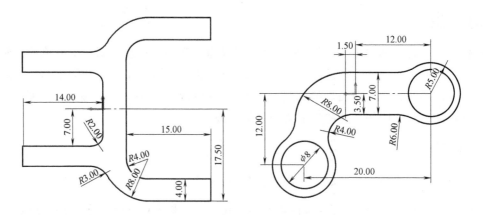

图1-33 支架草图

任务分析

本任务目标是绘制支架草图，通过曲线的绘制、曲线的编辑、草图标注及约束等基本操作来完成支架草图的绘制。本任务先分析支架草图的绘制思路，通过草图绘制及草图控制两个方面来最终实现支架草图的绘制。

任务实施

一、支架草图的绘制思路

支架草图有两个视图，主视图和俯视图，可以将两个视图分布在不同的草绘平面上，主视图分布在 XZ 草绘平面上，左视图分布在 YZ 草绘平面上，通过图样分析选择合适的草图基准点，如图 1-34 所示，其中主视图和左视图都是以此基准点作为设计基准的。通过曲线绘制中的圆、圆弧、直线、修剪/延伸、圆角、镜像等基本指令来绘制出支架草图的形状，通过尺寸标注与约束功能最终实现完整支架草图的设计，通过支架实体造型演示让学生对中望 3D 的造型设计有个简单认识。

图 1-34 草图基准点的选择

二、支架草图的绘制

1）新建零件。双击桌面上的"中望 3D 2021 教育版"快捷方式，新建一个零件文件，选择"零件/装配"，命名为"支架草图"并保存，注意保存位置，保存类型为默认的 *.Z3。

2）进入草图设计环境。选择"造型→草图"，草绘平面为"XZ"，确定进入草图设计环境。

3）绘制圆。选择"草图→圆"，进入"圆"命令栏，①选择"半径"；②以坐标（X0，Y-12）为圆心；③半径为 5mm，确定绘制 R5mm 的圆；④以坐标（X0，Y-12），绘制 ϕ8mm 的圆，选择两圆的圆心与坐标原点进行"垂直点约束（X 方向对齐）"并标注尺寸，如图 1-35 所示。

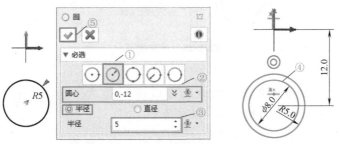

图 1-35 绘制 R5mm 和 ϕ8mm 圆

💡 注意：在输入圆心坐标时，如果采用混合输入如"0，-12"，系统输入法只能采用英文输入法，否则无法实现。

4）绘制圆。选择"草图→圆"或单击鼠标中键进入"圆"命令栏，以坐标（X−12，Y8）为圆心，确定绘制 $R5mm$ 和 $\phi8mm$ 的圆并标注尺寸，如图 1-36 所示。

5）绘制直线。选择"草图→直线"，进入创建"直线"命令栏，绘制直线，选择"2点"，两条直线起点都在 $R5mm$ 圆上且保证两直线为竖直方向，终点设置在任意点并标注尺寸，如图 1-37 所示。

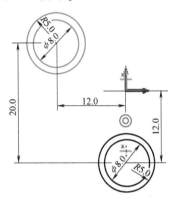

图 1-36 再次绘制 $R5mm$ 和 $\phi8mm$ 圆

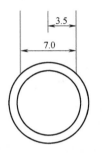

图 1-37 绘制直线

6）绘制圆弧。选择"草图→圆弧"进入"圆弧"命令栏，选择"通过点"，圆弧 1 起点在直线 1 端点处，终点都在 $R5mm$ 圆上，通过点随意选取，需保证圆弧方向；圆弧 2 起点在直线 2 端点处，通过点、终点随意选取，保证圆弧方向，保证两直线为竖直方向，如图 1-38 所示。

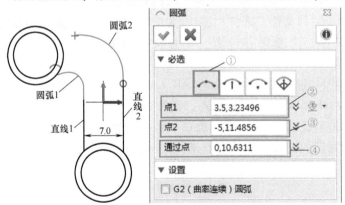

图 1-38 绘制圆弧

说明：保证圆弧方向代表圆弧的方向与图样一致。图 1-39 所示为圆弧方向与图样不一致的情况。

图 1-39 圆弧方向与图样不一致

7）约束圆弧位置。选择"约束→添加约束"，约束圆弧1与直线1为"两曲线相切约束"，约束圆弧1与 $R5$mm 的圆为"两曲线相切约束"，约束圆弧2与直线2为"两曲线相切约束"并标注尺寸，如图1-40所示。

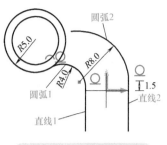

图1-40　约束圆弧位置

8）倒圆角。选择"草图"选项卡下的"编辑曲线→圆角"，进入"倒圆角"命令栏，曲线1选择 $R8$mm 圆弧，曲线2选择 $R5$mm 圆，半径为 6mm，确定即可倒圆角，如图1-41所示。

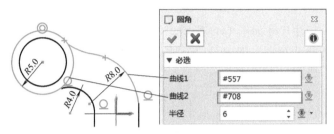

图1-41　倒圆角（一）

9）倒圆角。选择"草图"选项卡下的"编辑曲线→圆角"，进入"倒圆角"命令栏，曲线1选择直线1，曲线2选择圆弧，半径为 6mm，确定即可倒圆角；单击鼠标中键继续倒圆角，曲线1选择直线2，曲线2选择圆弧，半径为 6mm 并确定，如图1-42所示。

图1-42　倒圆角（二）

10）修剪。单击"草图→修剪/延伸"小三角图标，选择"单击修剪"，进入"单击修剪"命令栏，修剪多余的线，完成左视图并查看约束情况，修剪后并添加圆角 $R6$mm，如图1-43所示。

11）退出草图。

12）进入草图设计环境。选择"基础造型→插入草图"，草绘平面为"YZ"，确定进入草图设计环境。

13）绘制轮廓。选择"草图→直线"，绘制出右侧视图大体轮廓，如图1-44所示。

💡 注意：保证轮廓线都为垂直线和竖直线。

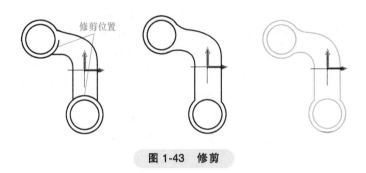

图 1-43 修剪

14）标注尺寸。标注尺寸如图 1-45 所示。

15）倒圆角。选择"草图"选项卡下"编辑曲线→圆角"，进入"倒圆角"命令栏，对轮廓倒两处圆角，如图 1-46 所示。

图 1-44 绘制轮廓　　　图 1-45 标注尺寸　　　图 1-46 倒圆角

16）绘制圆弧并约束与标注。选择"草图→圆弧"进入"圆弧"命令栏，绘制圆弧 1 与圆弧 2；选择"约束→添加约束"，约束圆弧 1 与直线 1 为"两曲线相切约束"，约束圆弧 1 与圆弧 2 为"两曲线相切约束"，约束圆弧 2 与直线 2 为"两曲线相切约束"，标注圆弧 1 尺寸为 R8mm，标注圆弧 2 尺寸为 R3mm，并约束圆弧 1 圆心与圆弧 3 圆心为"同心约束"，如图 1-47 所示。

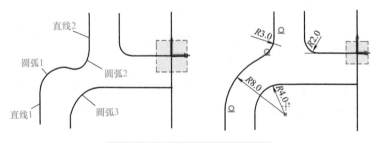

图 1-47 绘制圆弧与圆弧约束

17）镜像轮廓。选择"草图"选项卡下的"基础编辑→镜像"进入"镜像"命令栏，实体选择框选择轮廓，镜像线选择 Z 轴，确定完成镜像，如图 1-48 所示。

18）选择"约束→约束状态"，查看草图约束情况，如图 1-49 所示。

19）退出草图。隐藏 XY、XZ、YZ 基准面，关闭"三重轴显示"，如图 1-50 所示。

20）支架实体造型演示。选择"造型→拉伸"进入"拉伸"命令栏，轮廓选择主视图轮廓，起始点为"-30"，结束点为"30"，单击"确定"完成主视图轮廓拉伸，如图1-51所示。再次选择"造型→拉伸"，或者单击鼠标中键进入"拉伸"命令栏，轮廓选择左视图轮廓，起始点为"-50"，结束点为"50"，选择"布尔运算"为"交运算"并单击"确定"完成支架实体造型，如图1-52所示。

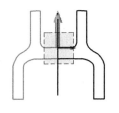

图1-48　镜像轮廓

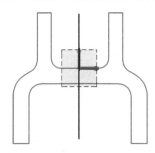

图1-49　草图约束情况

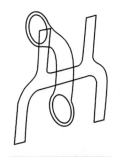

图1-50　完整草图

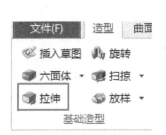

图1-51　主视图轮廓拉伸

图1-52　支架实体造型演示

学习小结

本任务主要介绍一个简单的支架草图的绘制，了解中望3D软件草图设计中的一些最基本、常用的命令，包含草图中圆、圆弧、直线的绘制，曲线编辑中的圆角、修剪/延伸命令，基础编辑中的镜像命令以及约束与尺寸标注的应用，这些功能必须熟练掌握。

任务3　绘制脚丫遥控器草图

任务目标

1. 知识目标

（1）掌握椭圆、槽及偏移曲线的绘制方法。

（2）掌握复制、旋转命令的使用。

（3）掌握尺寸的标注及约束的应用。

2. 能力目标

（1）能够根据尺寸要求熟练准确地绘制草图。

（2）能够合理地使用尺寸标注与草图约束。

（3）能够正确使用曲线修剪、圆角、镜像、复制、旋转等编辑命令。

3. 素质目标

（1）通过脚丫遥控器草图的绘制，能熟练地绘制零件的草图，结合《机械制图与计算机绘图》课程相关知识，提升学生的识图能力。

（2）通过学生自主完成学习任务培养其养成自主学习、独立思考与解决问题的能力。

（3）使学生感受中望3D国产工业软件的发展，培养制造业强国的爱国情怀。

任务描述

完成图1-53所示脚丫遥控器草图的绘制。

任务分析

本任务目标是绘制脚丫遥控器草图，通过曲线的绘制、曲线的编辑、草图标注及约束等基本操作来完成脚丫遥控器草图的绘制。

任务实施

一、脚丫遥控器草图的绘制思路

脚丫遥控器草图主要由一些圆、圆弧、直线和椭圆组成，首先需选择基准点，通过分析图样可知 $R21mm$ 的圆为图样主要的设计基准，可以此点作为草图的坐标原点，先绘制

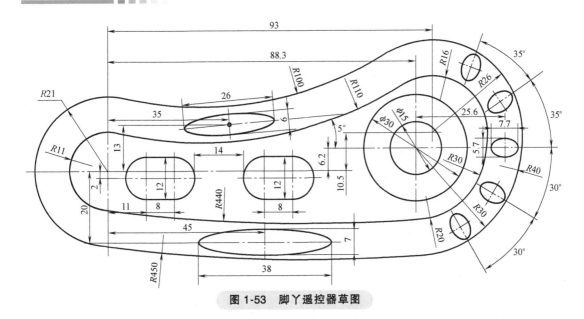

图 1-53   脚丫遥控器草图

$R21$mm 的圆，再绘制以 $R21$mm 圆的圆心为设计基准的其他外轮廓要素和 $\phi30$mm、$\phi15$mm 的圆，接着绘制键槽，通过复制命令完成第 2 个键槽的绘制，通过尺寸约束来绘制 26mm× 6mm 和 38mm×7mm 的两个椭圆，接着通过尺寸约束绘制一个 7.7mm×5.7mm 的椭圆，通过旋转命令完成与其相关椭圆的旋转复制操作。

二、脚丫遥控器草图的绘制

1）新建零件。双击桌面上"中望 3D 2021 教育版"快捷方式，新建一个零件文件，命名为"草图一"并保存，注意保存位置，保存类型为默认的 *.Z3。

2）绘制 $\phi42$mm 圆。选择"造型"选项卡下的"基础造型→草图"命令，草绘平面为"XY"，选择"草图→圆"，以坐标原点为圆心，绘制一个 $\phi42$mm 的圆并标注尺寸，如图 1-54 所示。

3）绘制 3 个圆。选择"草图→圆"或单击中键，重复圆的绘制，画 3 个圆，3 个圆的圆心坐标为（X88.4，Y6.2），3 个圆尺寸分别为 $\phi30$mm、$\phi15$mm 和 $R30$mm 并标注尺寸，如图 1-55 所示。

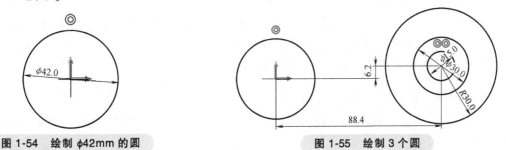

图 1-54   绘制 $\phi42$mm 的圆

图 1-55   绘制 3 个圆

💡 注意：$\phi30$mm、$\phi15$mm 和 $R30$mm 的圆为同心圆。

4）绘制 $R26$mm 圆。选择"草图→圆"或单击中键，重复圆的绘制，画 1 个圆，圆心坐标为（X93，Y10.5）、圆尺寸为 $R26$mm 并标注尺寸，如图 1-56 所示。

5）绘制 $R450$mm 圆弧。选择"草图→圆弧"绘制圆弧，圆弧起点在 $\phi42$mm 的圆上，终点在 $R30$mm 的圆上，标注圆弧半径 $R450$mm，圆弧与 $\phi42$mm 圆和 $R30$mm 圆分别进行约束，选择相切约束关系，如图 1-57 所示。

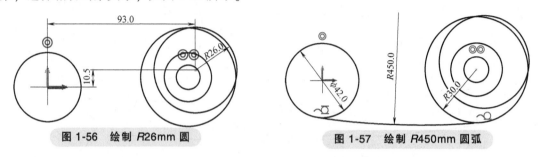

图 1-56　绘制 $R26$mm 圆　　　　　图 1-57　绘制 $R450$mm 圆弧

> 注意：圆弧的方向，可通过 D/A 工具栏 中的"打开关闭标注"和"打开关闭约束"功能对已经标注的尺寸和约束进行显示和隐藏，也可以先选择尺寸标注，然后单击鼠标右键，弹出右键快捷命令栏，选择命令栏中的"隐藏"命令实现尺寸标注的隐藏。

6）绘制相切圆。选择"草图→圆弧"或单击中键绘制圆弧，圆弧起点在 $R26$mm 的圆上，终点在 $R30$mm 的圆上，标注圆弧半径 $R40$mm，圆弧与 $R26$mm 圆和 $R30$mm 圆分别进行约束，选择相切约束关系，如图 1-58 所示。

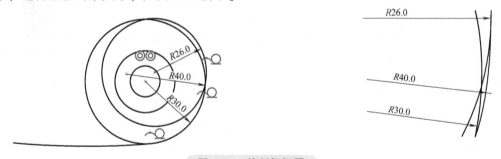

图 1-58　绘制相切圆

> 注意：圆弧的方向。

7）绘制 $R100$mm 圆弧。选择"草图→圆弧"或单击中键绘制圆弧，圆弧起点在 $R26$mm 的圆上，终点在 $\phi42$mm 的圆上，标注圆弧半径 $R100$mm，圆弧与 $R26$mm 圆和 $\phi42$mm 圆分别进行约束，选择相切约束关系，如图 1-59 所示。

> 注意：圆弧的方向。

8）修剪。单击"草图→修剪/延伸"小三角图标，选择"单击修剪"，修剪多余的线，如图 1-60 所示。

> 注意：修剪的方式可根据情况自行选择，修剪过程中如果修剪错误，可通过软件左上方"撤销"命令进行撤销，也可通过<Ctrl+Z>快捷命令进行撤销。

22

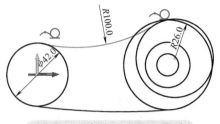

图 1-59 绘制 *R*100mm 圆弧

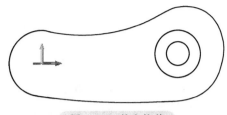

图 1-60 单击修剪

思考：能不能用"多段圆弧"命令来完成外圈曲线的绘制？

9）偏移轮廓。选择"曲线→偏移"进行曲线偏移，单击"偏移"命令，进入"偏移"命令栏，单击框选外围曲线，"距离"选择 10mm，勾选"翻转方向"，单击"确认"命令实现曲线偏移，如图 1-61 所示。

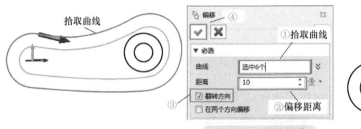

图 1-61 偏移轮廓

10）绘制槽。选择"草图→槽"，进入"槽"命令栏，在第一中心点输入"11，-2"，或者单击 第一中心点 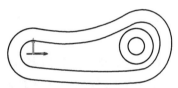 展开按钮，变成 X、Y 单独输入，X 为"11"，Y 为"-2"，在第二中心点输入"19，-2"，半径选择 6mm，单击"确认"命令实现槽的绘制，如图 1-62 所示。

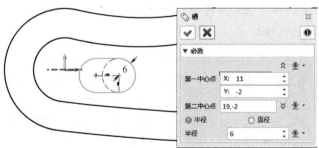

图 1-62 绘制槽

对槽进行约束和尺寸标注，以槽两圆心点进行"水平点约束（Y 方向对齐）"，如图 1-63 所示。

说明：在槽绘制过程中，虽然在"槽"命令栏定义了第一中心点和第二中心点坐标，但绘制完的槽属于少约束状态，需重新对槽进行约束和尺寸标注才能明确其约束状态。

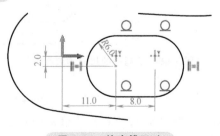

图 1-63 约束槽尺寸

注意：在输入第一中心点和第二中心点坐标时，如果采用混合输入，如"11，
-2"，系统输入法不能处于中文输入法，因此无法实现。

思考：试采用其他方式来绘制槽。

11）复制槽。选择"草图"选项卡下的"基础编辑→复制"，进入"复制"命令栏，
①实体选择槽；②起始点为"0，0"；③目标点为"34，0"；④确认完成槽的复制，如图
1-64所示。

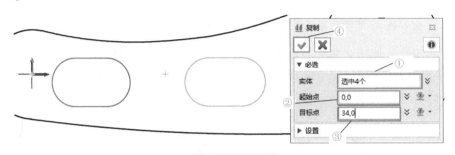

图1-64 复制槽

对"复制槽"进行约束和尺寸标注，选择"复制槽"任一圆心点和第一条槽任一圆心
点进行"水平点约束（Y方向对齐）"，如图1-65所示。

说明：由于第二个槽相对于第一个槽在X方向的中心距为34mm，Y方向中心距为0，
只需保证（目标点X数值）-（起始点X数值）=34mm，（目标点Y数值）-（起始点Y数
值）=0即可，在满足这两个关系的情况下，坐标数值可以任意定，例如起始点坐标（14，
30）、目标点坐标（48，30）也能达到复制效果。

注意：复制完的槽只保留原有槽的外形特征，而位置特征没有确定，仍需对其位
置进行约束或尺寸标注来控制。

12）绘制椭圆。选择"草图→椭圆"，选择"中心"，随意绘制椭圆并标注尺寸，如图
1-66所示。保证椭圆中心坐标为（X45，Y-20），椭圆宽度为38mm，高度为7mm。

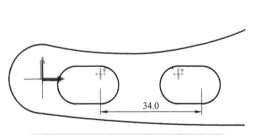

图1-65 复制槽的尺寸约束与标注

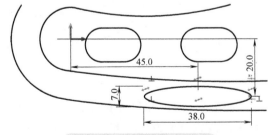

图1-66 绘制椭圆（一）

13）绘制椭圆。选择"草图→椭圆"或者单击中键绘制椭圆，①选择"中心—角度"；
②以坐标（X35，Y13）为椭圆中心；③旋转角度为5°；④椭圆宽度为26mm，高度为6mm；
⑤确认完成椭圆的绘制，如图1-67所示。

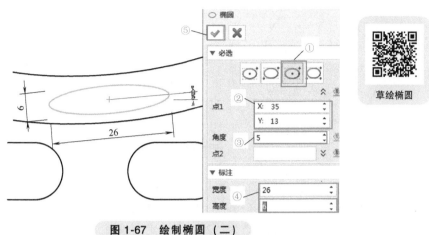

图1-67 绘制椭圆（二）

绘制完的椭圆只有已经明确外形尺寸，位置仍需通过尺寸标注来限制，选择"草图→直线"，拾取椭圆长轴两点绘制第1条直线，拾取椭圆短轴两点绘制第2条直线，以前面绘制的两直线交点作为直线起点，保证直线为水平方向，终点随意设置绘制第3条直线。

由于这3条直线是图形要素，需将这3条直线设置成构造线，方法为：框选这3条直线（需隐藏约束），单击鼠标右键，弹出右键快捷栏，选择"切换类型"将直线变成构造线，如图1-68所示。

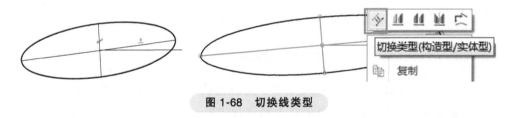

图1-68 切换线类型

标注椭圆中心点与坐标原点之间X、Y尺寸，标注椭圆长轴与水平线角度尺寸，如图1-69所示。

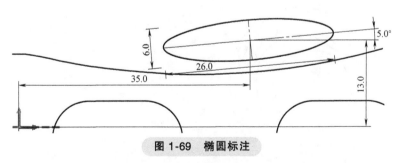

图1-69 椭圆标注

说明：绘制构造线并进行标注的目的是明确椭圆的位置。

14）绘制椭圆。选择"草图→椭圆"或单击中键绘制椭圆，椭圆中心靠近 ϕ30mm 圆心，并捕捉到 ϕ30mm 圆心、形成捕捉线后慢慢往右移动，在合适位置绘制圆。以圆弧长轴端点和 ϕ30mm 圆心进行"水平点约束（Y方向对齐）"，如图1-70所示。

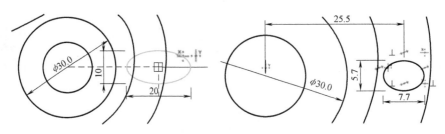

图 1-70　绘制椭圆

15）复制椭圆。单击"草图"选项卡下"基础编辑→复制"小三角图标，选择"旋转"进入"旋转"命令栏，①实体选择椭圆；②基点选择 R26mm 圆圆心；③勾选角度；④角度值为"35"；⑤勾选复制；⑥复制个数为"2"；⑦确定完成椭圆的复制，如图 1-71 所示。

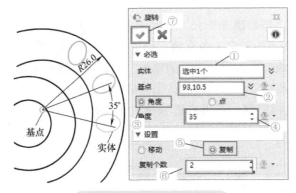

图 1-71　复制椭圆（一）

16）复制椭圆。选择"草图"选项卡下"基础编辑→旋转"或单击中键复制椭圆，进入"旋转"命令栏，①实体选择椭圆；②基点选择 R30mm 圆心；③勾选角度；④角度值为"330"；⑤勾选复制；⑥复制个数为"2"；⑦确定完成椭圆的复制，如图 1-72 所示。

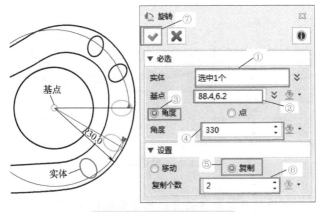

图 1-72　复制椭圆（二）

17）查看约束情况。选择"约束→约束状态"，查看草图的约束情况，如图 1-73 所示。

18）退出草图。隐藏 XY、XZ、YZ 基准面，关闭"三重轴显示"，完整草图如图 1-74 所示。

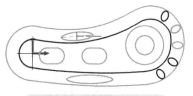

图 1-73　查看约束状态

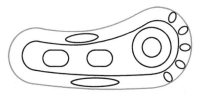

图 1-74　完整草图

学习小结

　　本任务主要介绍一个脚丫遥控器草图的绘制，了解中望 3D 软件中的一些最基本、常用的命令，包含草图中圆、椭圆、槽的绘制，曲线编辑中的修剪、偏移命令，基础编辑中的复制、旋转命令，以及约束与尺寸标注的应用，这些功能必须熟练掌握。

练习题

　　1-1　完成图 1-75 所示的草图绘制。

　　1-2　完成图 1-76 所示的草图绘制。

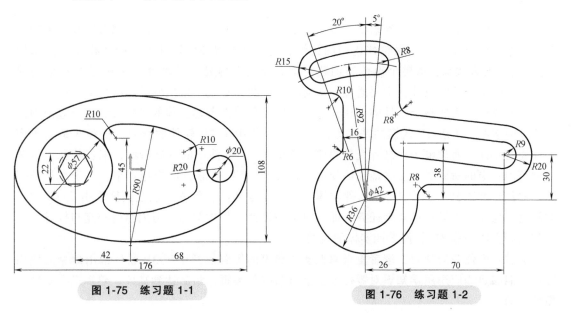

图 1-75　练习题 1-1

图 1-76　练习题 1-2

项目2

实体建模

教学设计

　　本项目设计了 4 个子任务来学习实体建模常用工具的使用、曲线的绘制方法及草图的编辑等基本操作。任务 1 是蜗轮减速箱的设计，它应用中望 3D 软件强大的建模功能，采用"零草绘"的方式来完成整个箱体的构建，重点介绍实体建模的思路与一些基本特征的使用；任务 2 是拨叉的设计，主要通过一些简单的草图和建模中常用到的一些特征，以类似搭积木的方式逐步完成整个零件的构建，重点分析采用草图创建实体的基本方法；经过前面两个任务的学习，了解 3D 建模的基本方法后，为强化中望 3D 软件的学习，任务 3 是电子产品外壳的设计，通过电子产品外壳的建模，将中望 3D 软件中的基础造型、工程特征、编辑模型等内容中的命令尽可能多地灵活使用，以提高中望 3D 软件的应用水平；电子产品外壳的建模虽然覆盖到很多中望 3D 软件实体建模的命令功能，但并不能全面体现中望 3D 软件的特色，为此，再设计第 4 个任务，即小鼠标的设计，作为前面学习内容的补充与提升，以达到较好应用中望 3D 软件设计实体的目的。

　　通过 4 个任务的学习，读者重点掌握实体建模的思路以及中望 3D 软件常用命令的使用方法，能够熟练应用所学知识对零件模型进行修改与编辑，最后达到高效、熟练进行实体建模的目的。

任务 1　设计蜗轮减速箱

任务目标

　　1. 知识目标

　　(1) 掌握造型选项卡下的六面体、圆柱体的建模方法及技巧。

（2）掌握开放曲线的实体拉伸方法。

（3）掌握简单孔、螺纹孔、台阶孔等孔特征的创建方法。

（4）掌握抽壳特征、圆角特征的创建方法并知道导致抽壳、圆角特征创建失败的原因。

（5）掌握零件模型的一般编辑方法，理解修剪、组合、镜像、阵列命令中必选项、可选项的含义。

（6）知道基础编辑中的修剪与分割操作的区别。

2. 能力目标

（1）能够根据要求正确地选择六面体、圆柱体、圆及拉伸等命令创建三维模型。

（2）能够正确地使用简单孔、螺纹孔、台阶孔等命令。

（3）能够正确地使用抽壳、圆角、倒斜角等命令，理解抽壳时厚度的设置，能够分析抽壳失败的原因并找出解决方法。

（4）能够正确使用模型的一般编辑方法，如修剪、组合、镜像、阵列等命令。

3. 素质目标

（1）通过蜗轮减速箱三维模型的创建，让学生初步掌握常见三维模型的创建方法，初步理解二维到三维绘图的过程，提升学生识图与制图能力。

（2）通过不同类型孔的创建，将机械制图相关理论知识与模型相结合，让学生进一步掌握相关理论知识。

（3）通过引导学生解决模型抽壳时出现的问题，培养学生分析与解决问题的能力，提升自己的专业素质，通过解决问题获得的成就感来提升学生对制造相关专业学习的热爱程度。

（4）通过学生自主完成学习任务，培养其养成独立思考的习惯。

任务描述

完成图 2-1 所示蜗轮减速箱的设计。零件设计要求：为体现中望 3D 软件的特色，本任务在建模过程中要求不使用"草图"功能来完成整个蜗轮减速箱的创建。

任务分析

在学习使用中望 3D 建模软件进行产品设计时，初学者往往面对给定的图样而无从下手，不知从哪里开始建模等问题，为提高任务的完成效率，保证任务的完成质量，可以将所给定的任务做一些技术上的处理，即可以按照零件建模的先后顺序，将本任务中要完成的内容进行一定的简化，将蜗轮减速箱的建模拆解为主体部分和附属部分。对于蜗轮减速箱而言，可以把法兰体当作附属部分，附属部分暂时不考虑它的建模，将其暂时略去，假设不存在；接着将剩下的部分再依次分解为主体部分和附属部分，附属部分再次不考虑它的建模；经过几次分解，直到将模型分解为最简形式，建模时将分解过程逆向进行，即从最简单的模型开始逐渐添加零件特征，最终完成整个给定的任务，这种建模的方法称为"模型化简建模法"。本任务的化简过程可参考图 2-2。

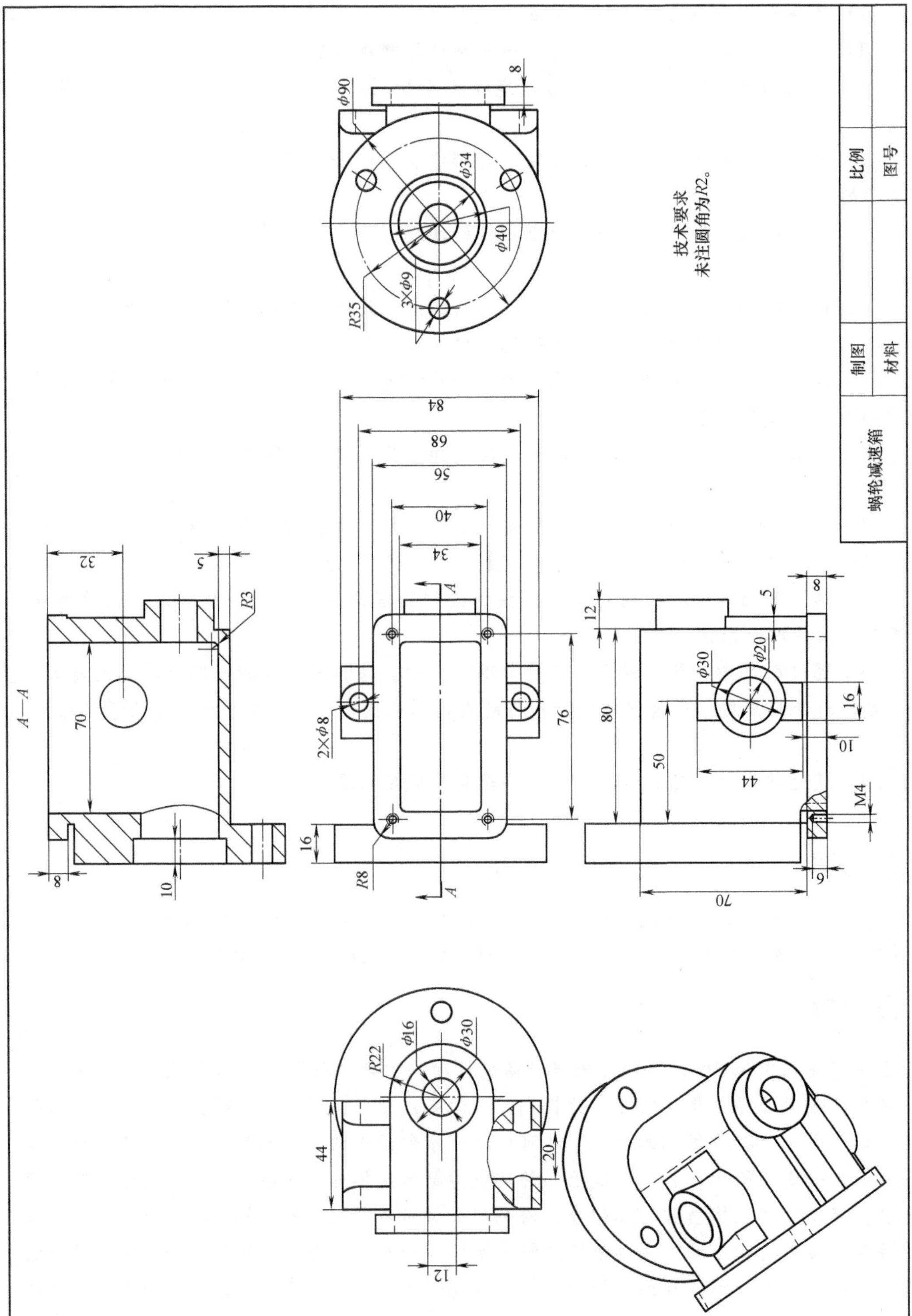

技术要求
未注圆角为R2。

	比例	图号
	制图	材料

蜗轮减速箱

图 2-1　蜗轮减速箱

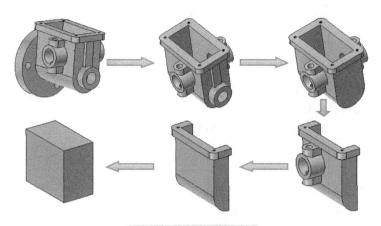

图 2-2　模型化简过程

任务实施

1）新建零件。双击桌面上"中望3D 2021 教育版"快捷方式，新建一个零件文件，命名为"蜗轮减速箱"并保存，注意保存位置，保存类型为默认的 * . Z3。

蜗轮减速
箱设计1　　蜗轮减速
箱设计2　　蜗轮减速
箱设计3　　蜗轮减速
箱设计4

2）创建六面体。选择"造型"选项卡，选择"基础造型→六面体 🔲"命令，采用"中心-高度"的方式创建六面体，"点 1"输入 0，按<Enter>键，将六面体的中心放置在原点上；"点 2"拖动鼠标到任意位置；"高度"输入"−70"使坐标原点处于长方体上表面中心位置，按<Enter>键确认，长方体的"长度"设为80mm，"宽度"设为44mm，如图 2-3 所示。

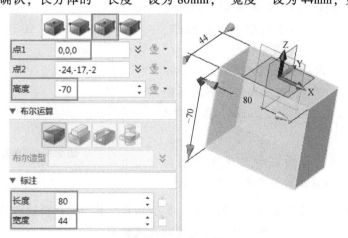

图 2-3　创建六面体

💡注意：当命令行提示"输入点 1"时，输入"0"，并按下<Enter>键。养成在输入之后按下<Enter>键的习惯。默认的对齐平面是 XY 基准平面，此处它就是需要的对齐平面，因此，无须进行任何操作。

说明：六面体快速造型命令可以快速创建一个六面体特征。这和拉伸矩形效果类似，但此命令仅需两个对角点，支持标准的基体、加运算、减运算及交运算。

必选输入如下选项。

① 中心：通过几何中心点和顶点创建六面体；

② 角点：通过角点创建六面体；

③ "中心-高度"：通过中心点、顶点和高度创建六面体；

④ "角点-高度"：通过两个角点和高度创建六面体。

可选输入的"对齐平面"用于使六面体和一个基准面或二维平面对齐，本例中默认上表面与 XY 面对齐。

3) 修剪基体。在"造型"选项卡下，选择"编辑模型→修剪 "命令，"基体 B"为刚创建的六面体，"修剪面 T"为 XZ 基准面，保留 Y 轴正向的一半，如图 2-4 所示。

图 2-4　修剪六面体

注意：可以通过"保留相反侧"的操作观察绿色箭头的变化，箭头所指的方向为保留侧。

说明：使用修剪命令修剪实体或开放造型与面、造型或基准平面相交的部分，如果被修剪的对象是开放造型，修剪之后仍然是一个开放造型。

由于蜗轮减速箱是关于 XZ 平面对称的，故在接下来将在裁剪后的一半基础上进行操作，最后可通过镜像复制得到完整的模型。

4) 创建圆角。选择"造型"选项卡下的"工程特征→圆角"命令，对六面体的下边界进行倒圆角操作，圆角半径设为 22mm，如图 2-5 所示。

图 2-5　创建圆角

说明：蜗轮减速箱的底部为半圆柱形，直径为 44mm，所以这里的圆角半径为 22mm。

圆角命令：用于创建不变与可变的圆角、桥接转角，其中包括桥接转角的平滑度、圆弧类型或二次曲线比率、可变圆角属性。可创建的方式如下。

① 圆角：即在所选边创建圆角；

② 椭圆圆角：用于创建一个椭圆圆角特征，类似于不对称倒角命令，此命令使用圆角距离和角度选项定义圆角的椭圆横截面的大小；

③ 环形圆角：指沿面的环形边创建一个不变半径圆角，此命令比单独圆角每条边有一定的优势，可通过选择面来选择所有的边；

④ 顶点圆角：指在一个或多个顶点处创建圆角。

5）基体抽壳。选择"造型"选项卡下的"编辑模型→抽壳 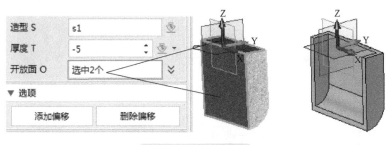 "命令对实体进行抽壳，"造型 S"选择圆角后的六面体，"厚度 T"设为"−5"，"开放面 O"选择裁剪分界面和上表面，如图 2-6 所示。

图 2-6　基体抽壳

注意：如果一个壳面已附加了偏移属性，即已经使用了添加偏移选项，那么偏移量不会起作用，只有偏移属性会生效，这个偏移的命令会记录到零件的历史中但不会生效，除非删除偏移属性并重新生成零件。如果偏移厚度大于外形上最小凹圆角的半径，则执行该命令可能失败。

说明：使用抽壳命令从模型中创建一个抽壳特征。厚度为负时表示向内抽壳，厚度为正时表示向外抽壳。

6）创建曲线列表。在图形窗口单击右键，选择"插入曲线列表"命令，选取壳体顶部内侧的 3 条边线创建曲线列表，如图 2-7 所示。

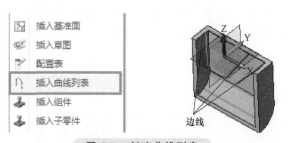

图 2-7　创建曲线列表

注意：在曲线列表命令中，曲线并非在真正实际的合并（连接）或修改。

说明：使用曲线列表命令，是从一组端到端连接的曲线或边创建一个曲线列表。它可使多个曲线合并为一个单项选择。

7）拉伸基体。在"造型"选项卡下选择"基础造型→拉伸"命令，布尔运算选择"加运算 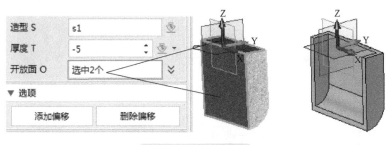 "，"轮廓"选择刚创建的"曲线列表"。拉伸参数设置："起始点 S"为 0，"结束点 E"为"8"，偏移选择"加厚"，"外部偏移"设为 0，"内部偏移"设为"−11"（也可以将"外部偏移"设为"11"，"内部偏移"设为 0），如图 2-8 所示。

图 2-8　拉伸基体

说明：中望3D软件可以通过一条曲线来完成实体的创建，并且该曲线可以不封闭。

8）创建圆角。选择"造型"选项卡下的"工程特征→圆角"命令，对刚拉伸实体的两条侧边添加圆角过渡，圆角半径为8mm，如图2-9所示。

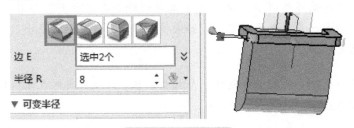

图 2-9　创建圆角

9）创建螺孔。在"造型"选项卡下选择"工程特征→孔 [图标]"命令，在箱体顶面添加两个螺孔，螺孔和R8的圆角同心。螺孔参数："孔类型"为"简单孔"，"面"选择顶面，在"螺纹"选项中"类型"修改为"M"，直径为4mm，深度为6mm，其余参数按图2-10所示设置。

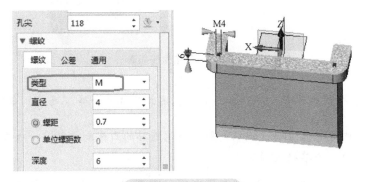

图 2-10　创建螺孔

说明：使用"孔"命令可创建各种孔特征。支持简单孔、锥形孔、沉孔、台阶孔和台阶面孔，这些孔可以有不同的结束端类型，如盲孔、终止面和通孔。

注意："螺孔和圆角同心"的选择，应单击选项中的"位置"后，在空白处右击，在弹出的菜单中选择"曲率中心"，再选择 R8mm 的边线即可。放置第二个螺孔时需再一次选择"曲率中心"再选取边线，然后单击中键确认。

10）创建圆柱体。在"造型"选项卡下选择"基础造型→圆柱体 🛢"命令，布尔运算为"加运算"，圆柱半径为 15mm，长度为 20mm，如图 2-11 所示。

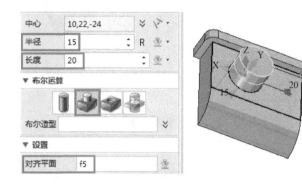

图 2-11　创建圆柱体

注意：在确定圆柱中心位置时，在图形窗口单击右键打开快捷菜单，选择"从两条线"，对齐平面和参考线段的选择如图 2-12 所示，参考"距离 1"为 24mm，参考"距离 2"为 30mm。

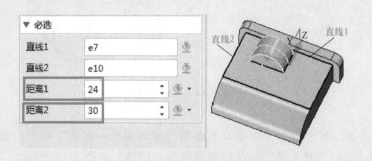

图 2-12　确定圆柱体中心位置

说明：在中望 3D 软件中六面体、圆柱体、圆锥体、球体、椭球体等，可以不通过草绘而直接构建。

11）创建六面体。在"造型"选项卡下选择"基础造型→六面体"命令，采用"中心-高度"的方式创建六面体，首先选择箱体侧面作为"对齐平面"，"点1"可以通过单击右键选择"曲率中心"，将六面体的中心放置在圆柱底面中心上，"点2"通过拖动鼠标到任意位置，"高度"输入 20mm，使长方体与圆柱体等高，长方体的"长度"设为 16mm，"宽度"设为 44mm，如图 2-13 所示。

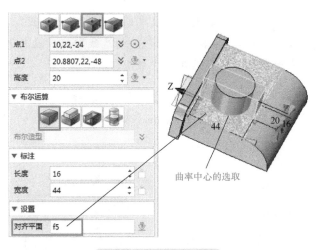

图 2-13　创建六面体

💡 注意：①在选择好"中心-高度"的创建方式后，必须先选择好"对齐平面"；②布尔运算必须为"基体"，而不能为"加运算"，否则无法倒圆角。

12）创建圆角。选择"造型"选项卡下的"工程特征→圆角"命令，对六面体的两条边界进行倒圆角操作，圆角半径设为8mm，如图2-14所示。

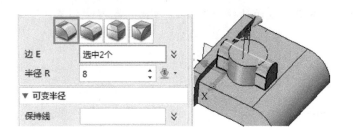

图 2-14　创建圆角

13）组合基体。在"造型"选项卡下选择"基础编辑→组合"命令，选取"加运算"，"基体"为箱体部分，"合并体"为已经倒圆角的六面体，如图2-15所示。

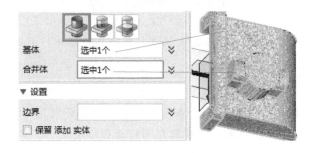

图 2-15　组合基体

说明："组合"命令用于组合一个或多个造型。首先选择"加运算""减运算"或"叉运算"造型图标，然后选择需要修改的基体造型，最后选择运算造型。可以保留运算造型，或者选择任意边界面来限定运算范围。其中，"基体"是在其上进行运算的造型，在命令结束之后依然存在；而"合并体"是应用到基准造型的造型，如果没有勾选"保留添加实体"选项，在命令结束后这种造型会被丢弃。

14）创建孔特征1。在"造型"选项卡下选择"工程特征→孔"功能，在刚创建的倒角六面体的端面放置一个孔特征，孔的中心和R8mm的圆角同心，"孔类型"为"简单孔"，"面"选择图中端面，"直径（D1）"为8mm，结束端改为通孔，如图2-16所示。

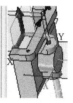

图2-16　创建孔特征1

💡注意：①孔"深度"只要大于或等于拉伸高度44mm即可，本例是将"结束端"设置为"通孔"；②在螺纹选项中，类型需改回"无螺纹"，否则系统会默认先前的"M"螺纹。

15）创建孔特征2。在"造型"选项卡下选择"工程特征→孔"功能，在圆柱凸台的端平面上放置孔特征2，孔与圆周面保持同心，孔类型为简单孔，直径为20mm，深度贯穿整个实体，如图2-17所示。同样，放置孔的位置可以通过单击右键，选择"曲率中心"来完成。

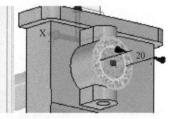

图2-17　创建孔特征2

16）镜像实体。在"造型"选项卡下选择"基础编辑→镜像" 命令，"实体"选择组合后的造型，"平面"选取XZ基准平面为镜像参考平面，并将布尔运算改为"添加选中实体"进行组合运算，如图2-18所示。

💡注意：在选择实体时，要注意"过滤器列表"中的内容，本例选择"造型" 较好。

图2-18　镜像实体

说明："镜像"可对以下对象任意操作：特征、造型、零件、曲线、点、草图、基准面、特征阵列和阵列的阵列。而"组合"是指指定造型与父零件的组合方式，对非造型的实体可忽略该选项。其组合方式如下。

① 创建选中实体：创建选中造型，无组合；

② 添加选中实体：将镜像造型添加到父零件；

③ 移除选中实体：从父零件中移除镜像造型；

④ 相交选中实体：指保留镜像造型与父零件相交的部分。

17）创建圆形凸台。在箱体侧面创建一个圆形凸台，凸台定位中心和圆周圆心重合，半径15mm，长度12mm，布尔运算为"加运算"，如图2-19所示。

18）创建孔特征3。参考前面孔的创建，在圆形凸台上添加孔特征3，修改"结束端"为"终止面"，选择壳体的内侧面，如图2-20所示。

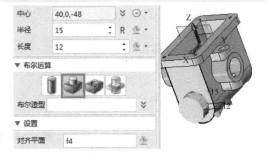

图2-19　创建圆形凸台

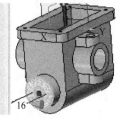

图2-20　创建孔特征3

💡 注意："结束端"选择"终止面"，系统会自动选择终止面，该终止面也可以手动选择。

说明："结束端"是指选择孔的结束端，从下拉框中可供选择的有盲孔、终止面、通孔。①盲孔：创建一个指定深度的盲孔；②终止面：创建一个在选择面结束的孔，该选项使终止面字段可用；③通孔：创建一个完全穿通零件的孔。

19）创建方形凸台。在"造型"选项卡下选择"基础造型→六面体"命令，并以"角点-高度"的方式在圆形凸台上添加一个方形凸台并进行组合运算。"点1"的选择方法：在图形窗口右击打开快捷菜单，选择"偏移"，然后选取图2-21中高亮边的中点作为参考点，Y轴偏移为6mm，单击确定即可得到第一点。"点2"的选取保持空白，高度为-35mm，长度为5mm，宽度为-12mm，单击确定即可得到方形凸台，如图2-22所示。

💡 注意：图中的Y轴偏移、高度、长度、宽度等参数的设置可能与所见不同，可根据实际操作来确定。此操作的目的是确定六面体的位置和外形尺寸。

20）创建圆形凸台。在箱体的另一端面上再次创建圆形凸台，凸台的定位中心选择

高亮边

参考点	40,0,-0
X 轴偏移	0
Y 轴偏移	6
Z 轴偏移	0

图 2-21 选取高亮边的中点为参考点

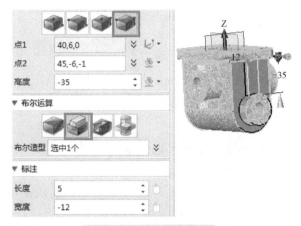

点1	40,6,0
点2	45,-6,-1
高度	-35

▼ 布尔运算

布尔造型 选中1个

▼ 标注

| 长度 | 5 |
| 宽度 | -12 |

图 2-22 创建方形凸台

R22mm 的圆弧中心，半径为 45mm，长度为 16mm，如图 2-23 所示。

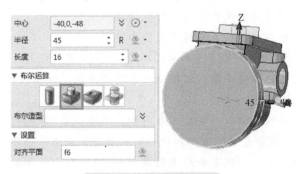

中心	-40,0,-48
半径	45	R
长度	16

▼ 布尔运算

布尔造型

▼ 设置

对齐平面 f6

图 2-23 创建圆形凸台

21）创建孔特征 4。在步骤 20 创建的凸台平面上放置孔特征 4，"孔类型"为"台阶孔"，结束端为"终止面"，孔特征定位中心和凸台圆心重合，参数设置如图 2-24 所示。

22）创建 ϕ9mm 孔。在刚创建的圆柱凸台平面上再放置一个孔特征，在"位置"中单击右键，选择"偏移"，将

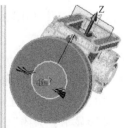

直径(D1)	34
深度(H1)	10
D2	40
H2	10
结束端	终止面
终止面	f11
孔尖	118

图 2-24 创建孔特征 4

孔特征的定位中心在以 φ90mm 圆形凸台的中心向 Z 轴负方向偏置 35mm，并选择"平面"为凸台面，如图 2-25 所示。

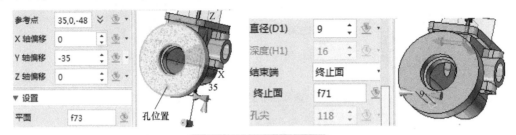

图 2-25 创建 φ9mm 孔

23）阵列圆孔。在"造型"选项卡下选择"基础编辑→阵列"命令 ，对 φ9mm 孔进行圆形阵列，选择圆形凸台中心轴为阵列旋转轴，如图 2-26 所示。

注意：①过滤器选择为"特征"；②"方向"的选择为圆形凸台中心轴，如图 2-26 所示的大箭头。

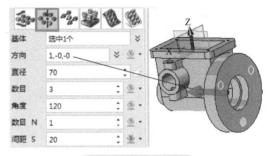

图 2-26 阵列圆孔

说明："阵列"命令可对特征、外形、组件、面、曲线、点、文本、草图、基准面、特征阵列和阵列的阵列等任意组合进行阵列，支持 6 种不同类型的阵列，每种方法都需要不同类型的参数输入。6 种阵列类型如下。

①线性：该法可创建单个或多个对象的线性阵列；

②圆形：该法可创建单个或多个对象的圆形阵列；

③点到点：该法可创建单个或多个对象的不规则阵列，可将任何实例阵列到所选点上；

④在阵列上：该法根据前个阵列对所选对象进行阵列，该阵列的特征（方向、数量、间距等）与所选阵列的相同；

⑤在曲线上：该法通过输入一条或多条曲线，创建一个 3D 阵列，第一条曲线用于指定第一个方向，这些曲线会自动限制阵列中的实例数量，以适应边界；

⑥在面上：该法可在一个现有曲面上创建一个 3D 阵列。该曲面会自动限制阵列中的实例数量，以适应边界 U 和边界 V。

24）创建圆角特征。在箱体内侧边创建圆角特征，圆角半径为 3mm，如图 2-27 所示。

25）隐藏坐标系。在"历史管理器"中，在 XY 基准面上单击右键，在弹出的快捷菜单中选择"隐藏"，同样将 XZ、YZ 两个基准面隐藏，如图 2-28 所示。在"视觉管理器"中，双击"三重轴显示：打开"，则三重轴被修改为"三重轴显示：关闭"，这样就可以关闭坐标系的显示，如图 2-29 所示。

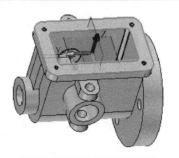

图 2-27 创建圆角特征

图 2-28　隐藏基准面

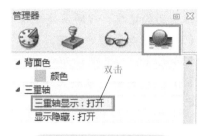

图 2-29　关闭坐标系

26）保存模型，退出中望 3D 软件。

学习小结

　　本任务主要介绍了中望 3D 软件实体建模中常用的命令，包含实体特征创建、特征操作和造型工具。实体特征创建是指生成新特征，如基体、拉伸、选择、放样等。特征操作是指对现有的特征进行改变的相关命令，如倒圆角、拔模、抽壳等。造型工具主要是指在不改变当前特征的情况下进行相关操作，如移动、镜像、阵列等。这些命令是产品造型中最基本也是最常用的功能，这些命令的掌握对进一步深入地学习实体建模有着重要的意义。蜗轮减速箱造型所用的主要功能见表 2-1。

表 2-1　蜗轮减速箱造型所用的主要功能

基础造型	工程特征	编辑模型	基础编辑
六面体、圆柱体、拉伸	圆角、孔	抽壳、修剪、组合	阵列、镜像

任务2　设计拨叉

任务目标

1. 知识目标

（1）草图的约束功能与尺寸的标注方法。

（2）构造线的作用；参考点、线、面的设定方法；基准面的创建方法。

（3）筋特征中参数的正确设置。

（4）模型零件的编辑、修改。

（5）实体建模的一般思路。

2. 能力目标

（1）能够根据建模的需要正确地创建基准。

（2）能够根据任务要求正确地创建筋。

（3）能够正确地使用编辑命令进行模型编辑。

3. 素质目标

（1）通过拨叉三维模型的创建，让学生进一步掌握三维模型创建方法，理解二维到三维绘图的过程，理解实体建模的一般过程，提升学生识图与制图能力。

（2）通过加强筋的创建，将机械制图相关理论知识与模型相结合，让学生更加直观的理解与掌握相关理论知识。

（3）通过引导学生解决建模时出现的问题，培养学生分析与解决问题的能力，提升自己的专业素质，通过解决问题获得的成就感来提升学生对制造相关专业学习的热爱程度。

（4）通过学生自主完成学习任务，培养其养成独立思考的习惯。

任务描述

完成图 2-30 所示拨叉的设计。

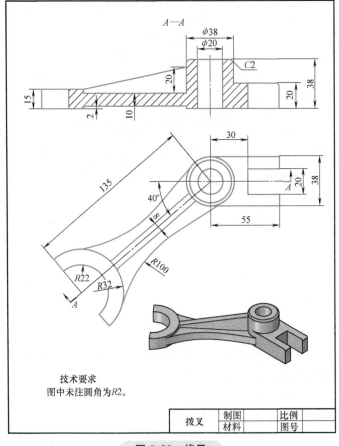

拨叉设计3

拨叉设计2

拨叉设计1

图 2-30　拨叉

任务分析

首先确定零件原点位置。拨叉外观总体上并不是很规则，坐标原点位置一般不设在零件的几何中心上，可以选择在空心圆柱体的中心或半圆环的圆心上，空心圆柱体上的确定元素较多，原点设置在其圆心上较方便。根据"模型化简建模法"，本任务先去除依附在空心圆柱体、半圆环支架桥接板上的"筋特征"，接着可以再简化掉桥接和半圆环部分，在剩下的拨叉右端和空心圆柱体中，显然从空心圆柱体开始建模比较方便，因此本任务的简化过程如图 2-31 所示。

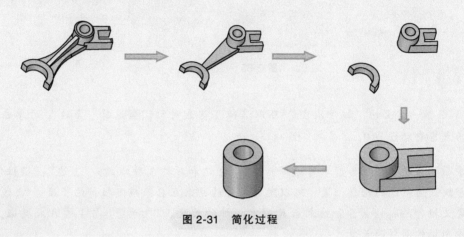

图 2-31　简化过程

任务实施

1）新建零件。双击桌面"中望 3D 2021 教育版"快捷方式，新建一个零件文件，命名为"拨叉设计"并保存，并注意保存位置，保存类型为默认的 *.Z3。

2）创建草图 1。选择"造型"选项卡下的"基础造型→插入草图"命令，选择"草图→圆"，以坐标原点为圆心画两个同心圆，选择"约束→快速标注"，标注直径分别为 20mm、38mm，如图 2-32 所示。

💡 注意：当草绘平面为"XY"时可以单击中键两次即可进入草绘环境。在平面上创建的草图原点可位于任意位置，因此可利用原点选项或创建一个参考边来定位原点。

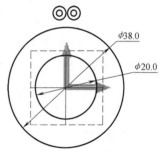

图 2-32　创建草图 1

说明：1）在必选输入项中，"平面"是唯一需要输入的，选择一个插入平面用于确定草图的位置，该平面可为基准面或零件面，选择后新草图被激活以编辑。

2）可选输入项包括向上、原点、参考面边界及定向到活动视图，其中"向上"是指选择草图平面的 Y 轴方向或单击中键，采用选中平面的默认方向；"原点"用于选中一个点，定义为草图平面 XY 的原点或单击中键，接受选中平面的默认原点；"参考面边界"用于希望在一个平面上创建草图时，草图自动引用面边界，则选中此复选框；"定向到活动视图"用于如果要使草图平面自动定向到当前视图，则可以选中此复选框。一般这 4个可选输入项采用默认的设置即可。

3）拉伸实体。在"造型"选项卡下选择"基础造型→拉伸"命令，"轮廓 P"为刚创建的草图，"拉伸类型"为"2 边"，起始点 S 为"0"，结束点 E 为"38"，如图 2-33 所示。

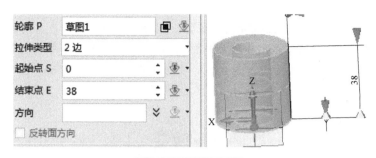

图 2-33　拉伸实体

> 🔎 注意：这里的"拉伸类型"可以选择 1 边或对称，当选择"2 边"时单击中键，则起始点 S 自动设为 0。

> 说明：在定义拉伸类型中可选择：1 边、2 边和对称 3 种方式，"1 边"：指拉伸的起始点 S 默认为所选的轮廓位置，可以定义拉伸的结束点 E 来确定拉伸的长度。"2 边"：指通过定义拉伸的起始点 S 和结束点 E 确定拉伸的长度。"对称"：与 1 边方式类似，但会沿反方向拉伸同样的长度。

4）绘制草图 2。在"造型"选项卡下选择"基础造型→插入草图"命令，单击中键两次，系统自动选择 XY 平面作为草绘平面，绘制图 2-34 所示的草图。

> 说明：在草绘过程中合理利用约束关系可简化绘图过程；在尺寸标注之前也可以添加一些约束以简化标注。

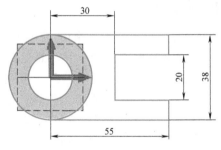

图 2-34　绘制草图 2

5）拉伸实体。在"造型"选项卡下选择"基础造型→拉伸"命令，"轮廓 P"为刚创建的草图 2，"拉伸类型"为"2 边"，起始点 S 为"0"，结束点 E 为"20"，同时布尔运算为"加运算"，如图 2-35 所示。

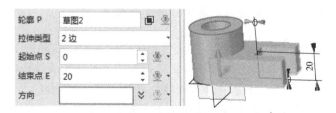

图 2-35　拉伸实体

> 说明：中望 3D 造型中的布尔运算包括：基体、加运算、减运算和交运算。基体：基体特征用于定义零件的初始基础形状；如果活动零件中没有几何体，则自动选择该方法；如果有几何体，这个方法则创建一个单独的基体造型。加运算：该方法从布尔造型中增加材料。减运算：该方法从布尔造型中删除材料。交运算：该方法获得与布尔造型相交的材料。

6）约束草图。在"造型"选项卡下选择"基础造型→插入草图"命令，单击中键两次，系统自动选择 XY 平面作为草绘平面，首先绘制 2 个同心圆和 3 条直线，并且让直线 1 与圆心共线、直线 1 与直线 2 垂直、直线 3 水平，如图 2-36 所示。其次，在"草图"选项卡下选择"编辑曲线"中的"单击修剪"命令裁剪多余的元素。最后将直线 2、直线 3 转化为构造线，并对草图进行尺寸约束，如图 2-37 所示。

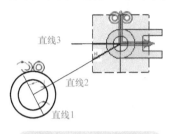

图 2-36　几何约束草图

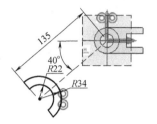

图 2-37　尺寸约束草图

🔊 注意：在草图绘制过程中，为方便、高效地完成草图绘制，常常需要添加一些构造线（辅助线），退出草图绘制后构造线会自动消失，所以在拉伸造型时构造线不参与成型。

说明：实线转换为构造线的方法：即右击选中需要转换的曲线，在弹出的菜单中选择"切换类型（构造型/实体型）" 🖱️ 即可。

7）拉伸半圆环。在"造型"选项卡下选择"基础造型→拉伸"命令，布尔运算选择为"加运算"，"轮廓"选择刚创建的"草图 3"，拉伸参数设置如下："起始点 S"为"0"，"结束点 E"为"15"，如图 2-38 所示。

8）绘制草图。在"造型"选项卡下选择"基础造型→插入草图"命令，单击中键两次，系统自动选择 XY 平面作为草绘平面，选择"草图"选项卡下的"绘图→直线"命令，过半圆环的圆心绘制两直线且

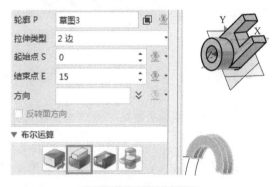

图 2-38　拉伸半圆环

与 φ38mm 的圆相切，如图 2-39 所示。再选择草绘工具"圆弧"命令，采用"圆心"模式，通过圆心和 2 点绘制圆弧，使用修剪功能完成草图的绘制，如图 2-40 所示。

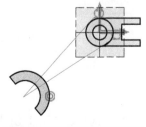

图 2-39　绘制 2 条切线

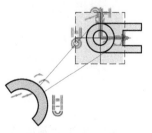

图 2-40　绘制圆弧

说明：一般完成草图绘制时要求草图的形状是唯一的，即所有的图素都是固定不变的，这可以使用"约束"选项卡下的"约束→约束状态"命令检查草图是否符合要求。

9）拉伸实体。在"造型"选项卡下选择"基础造型→拉伸"命令，布尔运算选择"加运算"，"轮廓 P"选择刚创建的"草图 4"，拉伸参数设置如下："起始点 S"为"2"，"结束点 E"为"12"，如图 2-41 所示。

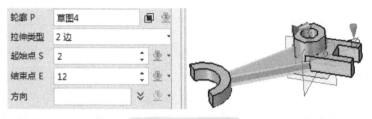

图 2-41　拉伸实体

💡 注意：中望 3D 软件允许拉伸的起点不在草绘平面上。

10）创建圆角。在"造型"选项卡下选择"工程特征→圆角"命令，选取图 2-42 中的两条边线作为圆角边，圆角半径为 100mm。

图 2-42　创建圆角

说明：$R100mm$ 的圆弧可以用圆角特征完成，也可以在上一步绘制草图时完成。

11）创建基准面。在"造型"选项卡下选择"基准面"命令，在必选项中选择"XZ面"，创建基准面 1，Y 轴角度为 40°，如图 2-43 所示。

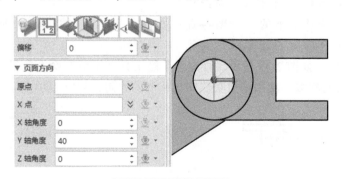

图 2-43　创建基准面

12）绘制草图。选择"基础造型"中的"插入草图"，在"基准面 1"上创建草图，首先添加一个参考，使用"曲线"参考命令，选取圆柱台顶部的圆周曲线作为参考线，然后绘制一直线，如图 2-44 所示。

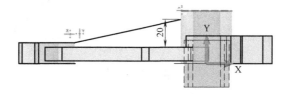

图 2-44　绘制草图

💡 **注意**：在绘制草图时尽可能使用几何约束关系进行约束。

说明：使用参考命令可以投射方式激活零件或组件中的曲线、面、点或基准面到草图平面。参考命令提供如下 5 种方法。

① 曲线：指通过投射三维曲线（直线、弧、曲线或边），在草图平面创建几何构造曲线。

② 面：通过投射一个零件面，在草图平面创建几何构造曲线。

③ 点：通过投射三维点，在草图平面创建一个参考点。

④ 曲线相交：指在草图平面与三维曲线（直线、弧、边、曲线列表或草图）相交处创建一个参考点。

⑤ 基准面：通过投射与草图平面正交的三维基准面，在草图平面创建一个参考基准面。

13）放置筋特征。在"造型"选项卡下选择"工程特征→筋"命令 🔧筋，轮廓选择上一步绘制的草图，"方向"为"平行"，"宽度类型"为"两者"，"宽度 W"为 8mm，如图 2-45 所示。

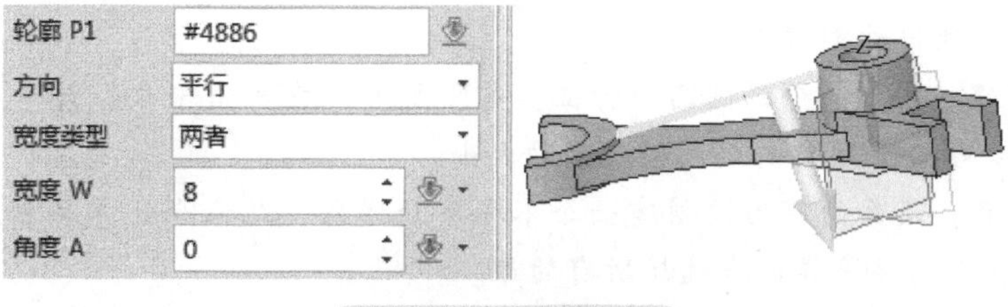

轮廓 P1	#4886	
方向	平行	
宽度类型	两者	
宽度 W	8	
角度 A	0	

图 2-45　放置筋特征

说明："轮廓 P1"：选择一个定义了筋轮廓的开放草图，或者单击右键选择"插入草图"。"方向"：指定筋的拉伸方向，并用一个箭头表示该方向；平行表示拉伸方向与草图平面法向平行；垂直表示拉伸方向与草图平面法向垂直。"宽度类型"：指定筋的宽度类型，可以选择第一边、两者或第二边。"宽度 W"：指定筋宽度。"角度 A"：输入拔模角度。"参考平面 P2"：如果指定了一个角度，选择参考平面，该平面可以是基准平面或平面。

14）创建倒角。在"造型"选项卡下选择"工程特征→倒角"命令，对圆柱体顶部进行倒角处理，"倒角距离 S"为 2mm，如图 2-46 所示。

图 2-46　创建倒角

说明：倒角特征可用于创建等距、不等距倒角，它提供如下 3 种方法。

① 倒角：在所选的边上倒角，通过这个命令创建的倒角是等距的，即在共有同一条边的两个面上倒角的缩进距离是一样的。

② 不对称倒角：根据所选边上的两个倒角距离创建一个倒角，使用"角度/倒角距离"选项可以为第二个倒角距离指定一个角度。

③ 顶点倒角：在一个或多个顶点处创建倒角特征，类似于切除实体的角生成一个平面倒角面。

15）创建圆角。在"造型"选项卡下选择"工程特征→圆角"命令，对模型进行圆角处理，圆角半径为 2mm，如图 2-47 所示。

图 2-47　创建圆角特征

说明：圆角特征可用于创建不变与可变的圆角、桥接转角，它提供如下 4 种方法。

① 圆角：在所选边创建圆角。

② 椭圆圆角：创建一个椭圆圆角特征，类似于不对称倒角命令，此命令使用"圆角距离和角度"选项定义圆角的椭圆横截面的大小。

③ 环形圆角：沿面的环形边创建一个不变半径圆角，此命令比单独创建圆角每条边有一定的优势，可通过选择面来选择所有的边。

④ 顶点圆角：在一个或多个顶点处创建圆角。

16）完成建模。隐藏 XY、XZ、YZ 基准面和平面 1 共 4 个基准面，然后保存模型。

学习小结

本任务主要介绍一个简单拨叉的实体建模，并了解中望 3D 软件实体建模中的一些最基本、常用的命令，包含草图工具的使用、实体特征的创建、基准面的建立等，这些功能必须熟练掌握。

思考：

1. 如何修改草图中的有效位数？

2. 直线过圆心的约束方法有哪些？

3. 40°尺寸标注时辅助线的画法是什么？

4. 使用参考命令后如何修剪？

5. 圆柱的边线如何成为参考线？

6. 画筋条时基准面的建立方法是什么？

任务3 设计电子产品外壳

任务目标

1. 知识目标

(1) 掌握椭圆几何的约束关系、椭圆尺寸的标注方法、半椭圆的绘制等椭圆相关知识点。

(2) 进一步熟悉草图的绘制技巧和开放草图生成实体、面体在建模中的灵活运用。

(3) 圆角、变圆角半径特征的创建，特别是变圆角创建时的注意事项及技巧。

(4) 灵活应用编辑模型中的面偏移、抽壳、组合、修剪、替换等工具。

(5) 能正确使用倒角、唇缘特征，理解特征创建失败的原因。

(6) 熟练使用筋特征，理解筋特征在建模中的便捷性。

(7) 在建模中能够根据需要灵活添加构造线及参考点、线、面等。

2. 能力目标

(1) 能够完成椭圆几何的约束、椭圆尺寸的标注方法、半椭圆的绘制。

(2) 能够根据建模的需要正确地创建基准。

(3) 能够根据要求正确地创建筋。

(4) 能够正确地使用编辑命令进行模型编辑。

(5) 能够完成圆角、变圆角半径特征的创建。

(6) 能够完成倒角、唇缘特征的创建。

3. 素质目标

(1) 通过电子外壳三维模型的创建，让学生熟练掌握三维模型创建方法，掌握二维到三维绘图及产品设计相关原理，提升学生识图与制图能力。

(2) 将机械制图相关理论知识与三维模型相结合，让学生更加直观地理解与掌握相关理论知识。

(3) 通过引导学生解决建模时出现的问题，培养学生分析与解决问题的能力，提升自己的专业素质，通过解决问题获得的成就感来提升学生对制造相关专业学习的热爱程度。

(4) 通过学生自主完成学习任务，培养其独立思考的习惯。

任务描述

完成图 2-48 所示电子产品外壳的设计。

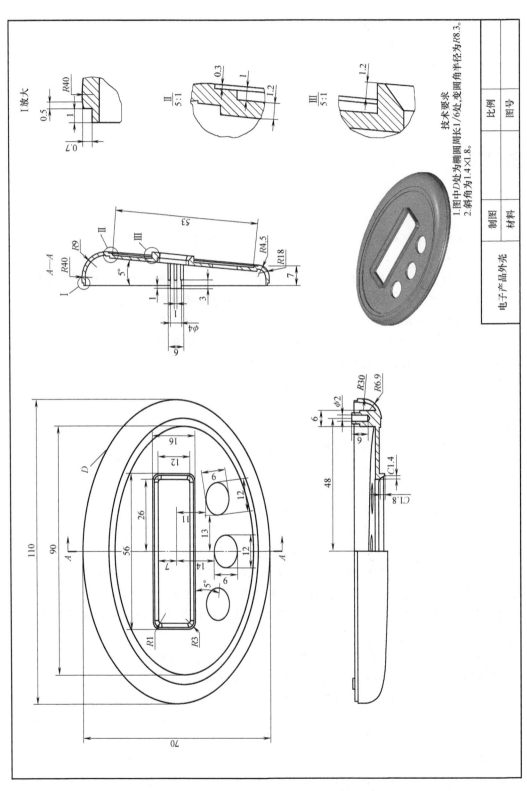

图2-48 电子产品外壳

任务分析

建模思路在产品设计过程中具有宏观的指导意义，它对使用其他大型三维软件同样有着重要的作用，而建模过程中对细节的处理往往关系到建模的成败，如圆角、倒角、抽壳特征等操作，在电子产品外壳设计中要注意这样的问题。

该电子产品外壳在椭圆的长轴方向是对称的，零件总体外观也比较规则，因此坐标原点可以建立在抽壳前的椭圆底面中心位置上，对整体建模比较方便。从图样上可以看出该电子产品外壳的细节较多，首先可以采用"模型简化建模法"对图样做一些简化，暂且略去零件上的大部分细节，然后再根据图形的对称性，对做出一半的模型进行镜像处理和组合即可完成本任务的建模。电子产品外壳简化流程图如图2-49所示。

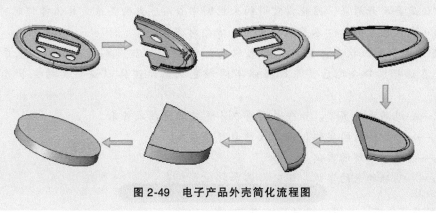

图2-49 电子产品外壳简化流程图

在建模过程中请注意、思考如下几个问题：

1）在草绘中如何修改标注值的有效位数？

2）在零件的窗口显示中如何提高图文档的显示质量？

3）在对电子产品外壳进行抽壳时，尝试将抽壳厚度改成"-1.5"，即向内侧抽壳1.5mm，并查找原因。

4）如何取消在绘图过程中草图的约束功能和添加约束功能？

5）在尺寸标注操作中如何捕捉到椭圆的中心？

任务实施

1）新建零件。双击桌面"中望3D 2021教育版"快捷方式，新建一个零件文件，命名为"电子产品

电子产品
外壳设计1

电子产品
外壳设计2

电子产品
外壳设计3

电子产品
外壳设计4

电子产品
外壳设计5

外壳设计"并保存，注意保存位置，保存类型为默认的＊.Z3。

2）创建草图。选择"造型"选项卡下的"基础造型→插入草图"命令，草绘平面为"XY"，选择"草图→椭圆"，以坐标原点为椭圆中心绘制一个110mm×70mm的椭圆并标注尺寸，如图2-50所示。

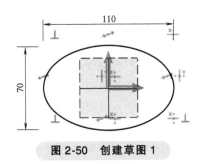

图 2-50　创建草图 1

★注意如下。

①草绘时虽然选择坐标原点为椭圆中心，但它并不具有约束关系，所以在尺寸标注时椭圆中心还是会离开原点，因此需重新约束椭圆中心与原点的关系，具体操作时可以让椭圆长轴的顶点与原点进行"水平点约束（Y 方向对齐）"。

②查询约束系统状态：使用"约束状态"命令分析当前草图并显示约束系统的状态信息，在选择该命令之后，系统将以不同颜色来显示实体以说明其约束状态，具体如下。

红色——过约束的实体。检查是否存在不需要的标注或约束。

黑色——缺少约束的实体。标注或约束可能丢失。

黄色——还未求解的实体。

蓝色——明确约束的实体。不必再添加标注或约束。

对草图进行分析，分析结果显示在查询约束状态对话框里。当添加、移除或更新约束之后，该表将自动更新；当有实体添加或删除时，实体颜色会动态更新。

图 2-51　创建草图 2

3）创建草图 2。选择"造型"选项卡下的"基础造型→插入草图"命令，草绘平面为"YZ"，使用"参考"命令选择刚绘制的草图 1 作为参考几何体，绘制一斜线并标注尺寸，如图 2-51 所示。

注意：斜线两端分别与参考线的两端做"垂直点约束（X 方向对齐）"。

4）创建草图 3。选择"造型"选项卡下的"基础造型→插入草图"命令，草绘平面为"YZ"，使用"参考"命令选择草图 1 作为参考几何体，绘制一直线与圆弧相切并标注尺寸，如图 2-52 所示。

注意：使用"草图→绘图"命令可在不改变命令的情况下绘制多种类型的几何图形。可选择合适的符号指定多个要连接或相切的直线或曲线段。可以画直线、相切弧、三点弧、半径弧、圆和曲线。

5）创建草图 4。选择"造型"选项卡下的"基础造型→插入草图"命令，草绘平面为"XZ"，使用"参考"命令选择草图 1 作为参考几何体，绘制一直线与圆弧相切并标注尺寸，如图 2-53 所示。

6）创建草图 5。选择"造型"选项卡下的"基础造型→插入草图"命令，草绘平面为"YZ"，使用"参考"命令选择草图 1 作为参考几何体，绘制一直线与圆弧相切并标注尺寸，如图 2-54 所示。最后完成的 5 个草图如图 2-55 所示。

思考： 草图 3 和草图 5 能否一次性完成？

7）拉伸实体。在"造型"选项卡下选择"基础造型→拉伸"命令，"轮廓 P"为椭圆草图，"拉伸类型"为"2 边"，"起始点 S"为"0"，"结束点 E"为"14"，如图 2-56 所示。

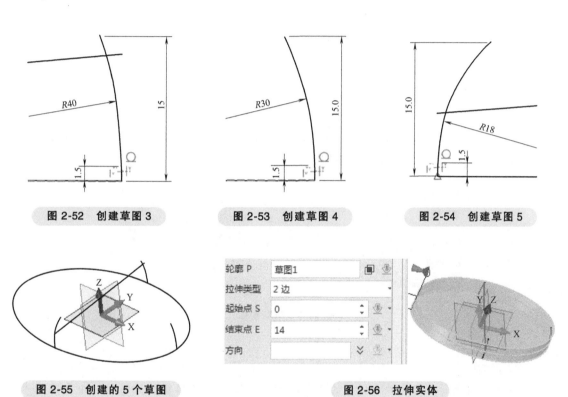

图 2-52　创建草图 3　　　　图 2-53　创建草图 4　　　　图 2-54　创建草图 5

图 2-55　创建的 5 个草图　　　　　　　图 2-56　拉伸实体

说明： "结束点 E"的取值范需大于 $70 \times \tan 5° \mathrm{mm}$，即大于 13.2mm，但要小于 15mm，请思考为什么？不在这个范围内会如何？

8）修剪实体。选择"造型"选项卡下的"编辑模型→修剪"命令，"基体 B"为椭圆实体，"修剪面 T"为 YZ 基准面，结果如图 2-57 所示。

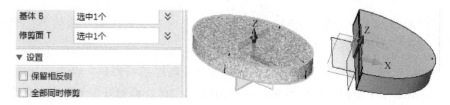

图 2-57　修剪实体

9）放样曲面。选择"造型"选项卡下的"基础造型→驱动曲线放样"，"驱动曲线C"为实体上边线，"轮廓P"依次选取草图3、草图4、草图5三个对象，结果如图2-58所示。

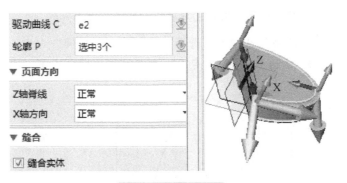

图2-58 放样曲面

10）修剪实体。选择"造型"选项卡下的"编辑模型→修剪"，"基体B"为椭圆实体，"修剪面T"为放样曲面，结果如图2-59所示。

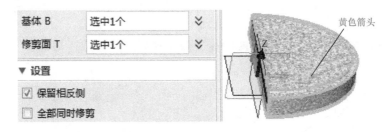

图2-59 修剪实体

★说明如下。

①图中黄色箭头指示的是保留的方向。可以通过勾选"保留相反侧"这个复选框来改变箭头的方向，保留的方向是原先箭头方向的反方向。

②"保留修剪实体"：勾选这个复选框可以保留修剪实体，本例中用于修剪的放样面在后续的作图中不再使用，可以不用保留修剪实体。

11）拉伸实体。在"造型"选项卡下选择"基础造型→拉伸"命令，布尔运算为"减运算"，"轮廓P"为草图2，"拉伸类型"为"2边"，"起始点S"为"-6"，"结束点E"为"60"，如图2-60所示。

说明："起始点S"最好为负值，即让面体略大一些，以保证"减运算"的正确进行；"结束点E"只要超过长半轴即可。

12）创建变圆角。使用"造型"选项卡下的"工程特征→圆角"命令，选取图中半椭圆顶部边线，添加第1个圆角半径为9mm；在边线33.3%处添加第2个圆角半径为8.3mm；在边线50%处添加第3个圆角半径为6.8mm；在边线末端添加第4个圆角半径为4.5mm，结果如图2-61所示。

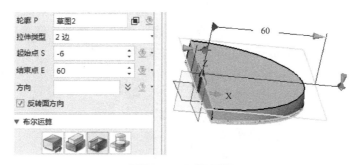

图 2-60　拉伸实体

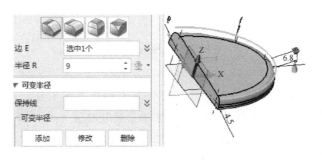

图 2-61　创建变圆角

注意：选择半椭圆边线上的非端点位置时可以通过单击右键，在弹出的菜单中选择"沿着"来完成点的选取，如图 2-62 所示。

图 2-62　变圆角点的选择

说明：使用"高级"选项卡可创建可变半径圆角，沿着所选的边在选择的任何位置添加可变半径属性，得到可变圆角。当完成圆角时，可变半径属性通过约束半径值为指定点的属性值，控制圆角的形状。该选项有添加、修改和删除可变半径属性。各个选项含义如下："添加"选项可在边上的一个或多个点处添加可变半径属性，该属性控制此点的圆角半径，沿着一个边可以添加多个属性，创建一个沿边的可变圆角。"修改"选项可修改由上面的添加（"高级"选项卡选项）创建的可变半径属性，首先选择要编辑的可变半径属性标注；其次为该属性指定新的圆角半径；最后重复步骤1和步骤2，直到修改完所有所需的属性，然后在步骤2后单击中键继续。"删除"选项可删除由上面的添加选项创建的可变半径属性。

13）绘制草图6。选择"造型"选项卡下的"基础造型→插入草图"命令，草绘平面为零件顶面，选择椭圆工具，使用"中心"命令，绘制一椭圆，宽度为53mm、高度为90mm、起始角度为0°、结束角度为180°，如图2-63所示。

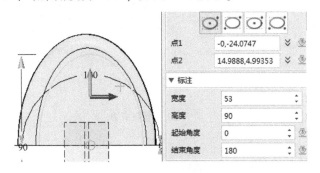

图2-63　绘制草图6

注意：进入草绘环境时，如果零件的视图方向与上图不符，图中参数应做相应的调整；椭圆中心点的捕捉可通过单击右键，在弹出的快捷菜单中选择"两者之间"，然后选取两个端点，并将百分比设为50%，如图2-64所示。

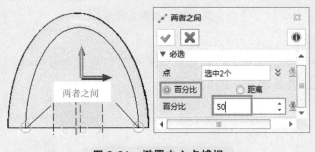

图2-64　椭圆中心点捕捉

14）绘制草图7。选择"造型"选项卡下的"基础造型→插入草图"命令，草绘平面为镜像面或"YZ"面，使用"参考"命令在必选项下使用"点"作为参考，然后选择草图6的端点作为参考点，用矩形工具绘制一小矩形并标注尺寸，如图2-65所示。

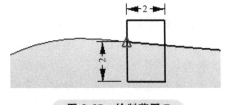

图2-65　绘制草图7

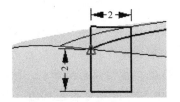

图2-66　共线点约束

注意：矩形的边线必须与草图6的端点是"共线点约束"，如图2-66所示。

说明：矩形的大小没有严格要求，请思考原因。

15）扫掠造型。选择"造型"选项卡下的"基础造型→扫掠"命令，布尔运算为"减运算"，"轮廓 P1"为草图 7，"路径 P2"为草图 6，页面方向选项内的 X 轴为固定方向，扫掠方向为 Z 轴正半轴，扫掠出一个沟槽，如图 2-67 所示。

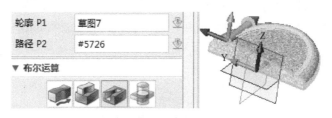

图 2-67　扫掠造型

注意：扫掠的目的是确保槽的外侧面与 XY 基准面垂直，请思考原因。是否用其他方法生成 53mm×90mm 的椭圆凹面更简单一些？

说明：扫掠造型是用一个开放或闭合的轮廓和一条扫掠轨迹，创建简单或变化的扫掠造型，该路径可以是线框几何图形、面边线、草图或曲线列表。

16）绘制草图 8。选择"造型"选项卡下的"基础造型→插入草图"命令，草绘平面为镜像面或"YZ"面，使用"参考"命令在必选项下使用"曲线"作为参考，选择顶面边线作为参考线，用直线工具绘制一斜线，使该斜线与参考线平行，如图 2-68 所示。

图 2-68　绘制草图 8

注意：斜线两端都需超出零件，请思考原因。

17）拉伸基体。在"造型"选项卡下选择"基础造型→拉伸"命令，将拉伸类型设置为"2 边"，"轮廓 P"选择"草图 8"，拉伸参数设置如下："起始点 S"为"1"，"结束点 E"为"−54.2"，如图 2-69 所示。

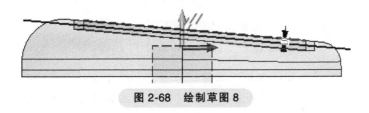

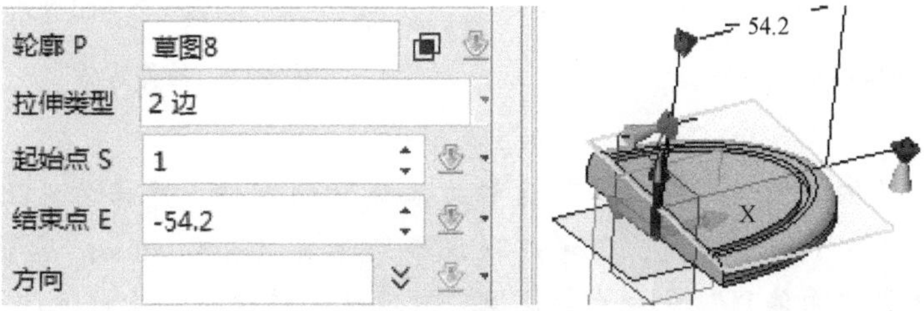

图 2-69　拉伸基体

注意：在拉伸该面体时，布尔运算为"基体"，即作为独立的实体，请大家思考原因。

说明：起始点 S 没有取 0 而是超出一点，结束点 E 也没有特别要求，只要超出零件即可。

18）编辑替换。选择"造型"选项卡下的"编辑模型→替换"命令，基体为在扫掠造型中扫出的凹槽底面、替换面为刚拉伸的面，用于替换的面在后续的建模中不再使用，所以保留置换面不做选择即删除，如图 2-70 所示。

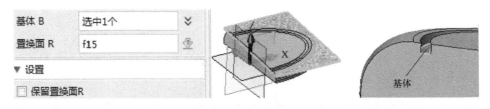

图 2-70　编辑替换

注意：面的选取可以使用过滤器帮助选择。使用刚扫掠的面体作为替换面的目的是确保 53mm×90mm 的椭圆凹面与顶部的斜面平行，请大家思考有没有其他更优的方法？

说明：使用"替换"命令可利用别的面或造型来替换某个实体或造型的一个或多个面。首先使用"插入"菜单中的命令来创建用于置换的面或造型，然后使用这个命令用新的面替换现有的面。

19）面偏移。选择"造型"选项卡下的"编辑模型→面偏移"命令，"面 F"选择图中小环状面，"偏移 T"为−0.3mm 即去除材料，如图 2-71 所示。

注意：这一步骤也可以选择"造型"选项卡下的"基础造型→拉伸"命令，布尔运算为"减运算"，"轮廓 P"选择小环状面（切换过滤器进行选择），起始点 S 为"0"，结束点 E 为"−0.3"，如图 2-72 所示。

图 2-71　面偏移

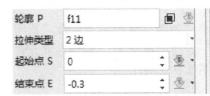

图 2-72　拉伸实体

说明：使用"编辑模型→面偏移"这种方法设计的零件，严格意义上是不符合产品设计要求的，它产生了一个负角，但考虑到偏移的深度只有 0.3mm，不影响产品在生产中的脱模，而且用"面偏移"命令十分快捷，所以使用该命令。请自行计算倒钩的大小。

20）抽壳特征。使用造型选项卡下的"编辑模型→抽壳"命令，"造型 S"选取整个模型（切换过滤器进行选择），"厚度 T"取−1.2mm，"开放面 O"选择镜像面和底面，如图 2-73 所示。

图 2-73 抽壳特征

说明：使用抽壳命令从造型中创建一个抽壳特征。除了已经带有偏移属性的面，偏移将应用于造型的其他所有面。可选输入包括为个别面添加或删除偏移属性、删除自相交面，以及是否创建侧面。

★注意如下。

① 如果对一个已附加了偏移属性（即已经使用了添加偏移选项）的壳面设置偏移量，那么偏移量不会起作用，只有偏移属性会生效。这个偏移的命令会记录到零件的操作历史中但不会生效，除非删除偏移属性并重新生成零件。

② 如果偏移厚度大于外形上最小凹圆角的半径，则抽壳命令执行可能失败。

21）创建唇缘特征。选择"造型"选项卡下的"工程特征→唇缘"命令，"边 E"选择应用凸缘特征的外侧边，"偏距 1 D1"为−1mm，"偏距 2 D2"为−0.7mm，如图 2-74 所示。

图 2-74 创建唇缘特征

注意：选择好边线后还必须选择面，否则可能导致生成特征失败。

说明：唇缘也称凸缘，该命令基于两个偏移距离沿所选边创建一个凸缘特征。必选输入包括创建特征的面边和偏移 1.2mm。可以持续选择边和输入偏移量，直到完成所需的凸缘特征。

22）绘制草图 9。选择"造型"选项卡下的"基础造型→插入草图"命令，以"XY"基准面为草绘平面绘制 12mm×28mm 的草图，图中圆角半径为 $R1$mm，草图轮廓和标注如图 2-75 所示。

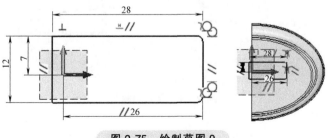

图 2-75 绘制草图 9

23）绘制草图 10。选择"造型"选项卡下的"基础造型→插入草图"命令，草绘平面为镜像面或"YZ"面，使用"参考"命令在必选项中选择"曲线"，选择顶面边线作为参考线，再使用"参考"命令在必选项中选择"点"，选择草图 9 的边线作为参考点，用直线工具绘制草图，如图 2-76 所示。

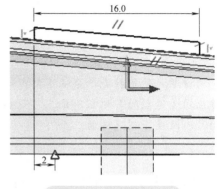

图 2-76　绘制草图 10

　　注意：绘图时要注意图中的约束关系。图中竖线的高度为 1.2mm。

24）创建拉伸实体。在"造型"选项卡下选择"基础造型→拉伸"命令，布尔运算为"加运算"，"轮廓 P"为草图 10，"拉伸类型"为"2 边"，起始点 S 为"0"，结束点 E 为"28"，方向选择 X 轴正方向（图中红色大箭头），可选项中的"轮廓封口"选择椭圆的顶面，如图 2-77 所示。

　　注意：草图 10 为开放轮廓，但可以通过指定造型的边界使拉伸的结果由面体变为实体。可以通过指定拉伸的方向来修改结束点 E 的正、负值，如果不指定方向，本步骤的结束点 E 应为-28mm。

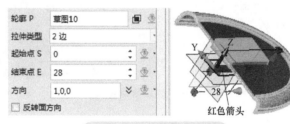

图 2-77　创建拉伸实体

　　说明：轮廓封口，表示对于基体操作，选择裁剪并封闭造型的面，轮廓必须闭合且与所选面相交。对于加运算操作，如果是闭合轮廓，使用该选项裁剪并封闭造型；如果是开放轮廓，则指定造型的边界。

25）实体倒圆角。使用"造型"选项卡下的"工程特征→圆角"特征功能，对矩形的两个边线进行圆角处理，圆角半径为 R3mm，如图 2-78 所示。

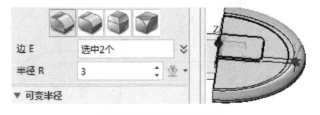

图 2-78　实体倒圆角

26）拉伸切除实体。在"造型"选项卡下选择"基础造型→拉伸"命令，布尔运算为

"减运算","轮廓 P"为草图 9,"拉伸类型"为"2 边",起始点 S 为"0",结束点 E 超过零件高度即可,如图 2-79 所示。

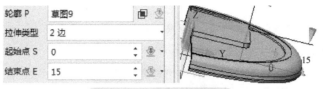

图 2-79 拉伸切除实体

27)创建倒角特征。使用"造型→倒角"特征功能,选择"不对称倒角"对模型进行倒角处理,倒角距离 S1 = 1.4mm,倒角距离 S2 = 1.8mm,参数设置如图 2-80 所示。

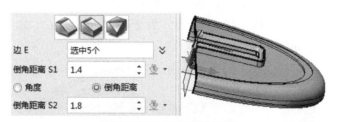

图 2-80 创建倒角特征

💡 注意:选择边线时可按住<Shift>键再单击所需倒角的任一条边,则与该边相切的光滑元素均可一次性被选中。选择好边线后还必须选择面(矩形台顶面),否则可能导致特征失败。

说明:"倒角"命令可用于创建等距、不等距倒角。使用不对称倒角命令,可创建具有不同缩进距离的倒角。通过高级选项卡的变距倒角选项,可在某条边上通过添加、修改或删除属性来创建不同的倒角。

28)绘制草图 11。选择"造型"选项卡下的"基础造型→插入草图"命令,草绘平面为"XY"面,使用椭圆工具绘制 2 个大小为 12mm×9mm 的椭圆,并用"基础编辑"中的"旋转"工具将另一个椭圆旋转 5°,如图 2-81 所示。

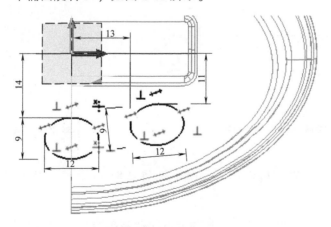

图 2-81 绘制草图 11

注意：与旋转的几何体关联的约束（若有）将被删除，所有其他的约束将进行重新计算。为方便绘制草图，可将实体的"着色"模式改为"线框"模式。

说明：旋转实体（2D）可用于编辑草图/工程图，使用此命令，使草图/工程图实体围绕一个参照点旋转。有如下3个必选输入：

① 实体：选择需旋转的实体，本例选择椭圆草图；

② 基点：指定旋转的基点，本例选择椭圆的中心点；

③ 角/点：指定旋转角（逆时针方向测定）或选择一个起点和终点，本例椭圆旋转角度为5°。

29）拉伸切除实体。在"造型"选项卡下选择"基础造型→拉伸"命令，布尔运算为"减运算"，"轮廓P"为草图11，"拉伸类型"为2边，起始点S为0，结束点E超过零件高度即可，如图2-82所示。

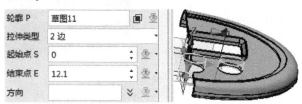

图2-82　拉伸切除实体

30）绘制草图12。选择"造型"选项卡下的"基础造型→插入草图"命令，草绘平面为"XY"面，使用圆工具绘制1个圆心坐标为（48,0），大小为ϕ4mm的圆，如图2-83所示。

31）创建拉伸实体。在"造型"选项卡下选择"基础造型→拉伸"命令，布尔运算为"加运算"，"轮廓P"为草图12，"拉伸类型"为"2边"，起始点S为"-1"。结束点E的选择方法：单击结束点E的输入框后，再在空白处右击，在弹出的菜单中选择"到面"，如图2-84所示；接着在要求选择的结束点输入框中选择变圆角面，如图2-85所示。

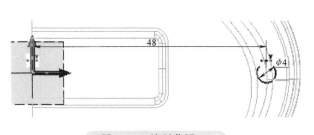

图2-83　绘制草图12

图2-84　结束点的选择方法一

注意：结束点的选择方法二，即单击图2-86所示的绿色箭头，选择"到面"即可。

32）绘制草图13。选择"造型"选项卡下的"基础造型→插入草图"命令，草绘平面为"XY"面，以ϕ4mm的圆柱边线为参考曲线，使用直线工具绘制1个以参考圆为中心的

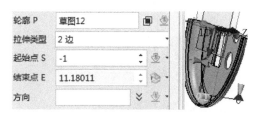

图 2-85　创建拉伸实体

图 2-86　结束点的选择方法二

十字形草图，线长为 6mm，如图 2-87 所示。

33）创建筋特征。使用"造型"选项卡下的"工程特征→网状筋"特征功能，轮廓选择草图 13，厚度为 1mm，起点为 2mm，端面为变圆角面，拔模角度为"0"，边界应逐个选取 4 个接触面，如图 2-88 所示。

💡 注意：在"边界"输入框中应选择筋与零件相交的所有边界面。

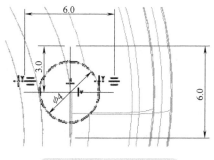

图 2-87　绘制草图 13

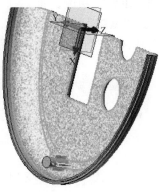

加强筋的创建

图 2-88　创建筋特征

说明：使用"网状筋特征"命令可创建一个网状筋，该命令支持用多个轮廓来定义网状筋，每个轮廓均可用于定义不同宽度的筋剖面，用户也可使用一个单一轮廓来指定筋宽度。例如，可将所有水平筋的宽度设定为 1.5mm（轮廓 1）以及所有垂直筋的宽度设定为 1.0mm（轮廓 2）。所有轮廓必须位于同一平面上。轮廓允许自相交，但应注意那些由于偏移而产生环封闭/环相交后凸出的区域，这些情况可导致该命令操作失败。注意：该命令可自动将轮廓加厚。

34）创建孔特征。选择"造型"选项卡下的"工程特征→孔"功能，在 $\phi 4$mm 的圆柱顶面上放置 1 个简单孔，孔中心在圆柱轴线上，直径为 2mm，深度为 6mm，如图 2-89 所示。

35）镜像实体。选择"造型"选项卡下的"基础编辑→镜像"功能，布尔运算为"创建选中实体"，"实体"选择整个造型（可通过过滤器选择），平面选择"YZ"基准面并注意选择"复制"，如图2-90所示。

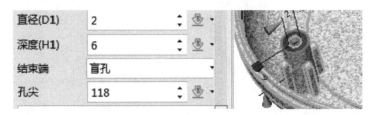

图 2-89　创建孔特征

> 说明：使用镜像命令可以镜像以下对象的任意组合，即特征、造型、零件模型、曲线、点、草图、基准面、特征阵列和阵列的阵列。镜像一个装配组件会新建一个零件并当作一个组件插入到激活的装配中。

图 2-90　镜像实体

36）组合实体。选择"造型"选项卡下的"编辑模型→组合"功能，布尔运算为"加运算"，"基体"选择原造型（可通过过滤器选择），"合并体"选择镜像后的造型，如图2-91所示。

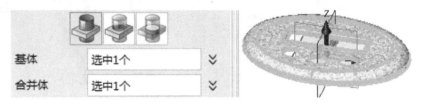

图 2-91　组合实体

> 说明："组合"命令可以用于组合一个或多个造型。首先选择加运算、减运算或叉运算造型图标，然后选择需要修改的基体，最后选择合并体。可以保留合并体，或者选择任意边界面来限定运算范围。

37）完成建模。隐藏XY、XZ、YZ基准面，关闭"三重轴显示"，然后保存模型，如图2-92所示。

学习小结

电子产品外壳设计综合使用了基础造型、工程特征、编辑模型等建模过程中的一些主要命令，见表2-2中的造型基本功能指令，在这些命令中有些是极具中望3D软件特色的，如面偏移、替换、网状筋等

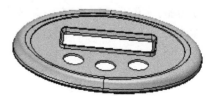

图 2-92　完整模型

功能，熟练掌握这些命令可为日后高效、高质量地建模提供有力帮助。另外中望 3D 软件还支持开放草图的实体拉伸（见步骤 23 和 24），类似该命令的学习与使用有利于开拓产品零件的建模思路与建模方法，在练习中应细心体会。

表 2-2　造型基本功能指令

基础造型	工程特征	编辑模型	基础编辑
插入草图、拉伸、旋转、扫掠、放样和驱动曲线放样	变圆角、倒角、孔、网状筋、唇缘	面偏移、抽壳、组合、修剪、替换	镜像

任务4　设计小鼠标

任务目标

1. 知识目标

（1）掌握基准面的创建方法和参考线的添加方法。

（2）掌握利用驱动曲线放样建立放样曲面的方法。

（3）掌握分割、修剪命令的使用场合。

（4）掌握基础造型中的旋转、杆状扫掠功能的使用。

（5）理解基础编辑中复制、阵列功能的使用。

（6）掌握编辑模型中的面偏移，曲线偏移，预制文字，视觉样式的灵活应用。

（7）熟悉零件、尺寸、约束的隐藏和显示方法和着色模式、线框模式的切换方法。

2. 能力目标

（1）能够完成放样曲面的创建。

（2）能够根据建模的需要正确选择旋转、杆状扫掠功能。

（3）能够根据要求正确地创建筋。

（4）能够正确地使用编辑命令进行模型编辑。

3. 素质目标

（1）通过小鼠标三维模型的创建，让学生熟练掌握三维模型创建方法，熟练掌握二维到三维绘图及产品设计相关原理，提升学生三维建模能力。

（2）将机械制图相关理论知识与三维模型相结合，让学生更加直观地理解与掌握相关理论知识。

（3）通过引导学生解决建模时出现的问题，培养学生分析与解决问题的能力，提升自己的专业素质，通过解决问题获得的成就感来提升学生对制造相关专业学习的热爱程度。

（4）通过学生自主完成学习任务，培养其养成自主学习与独立思考的习惯。

任务描述

完成图 2-93 中小鼠标的设计。

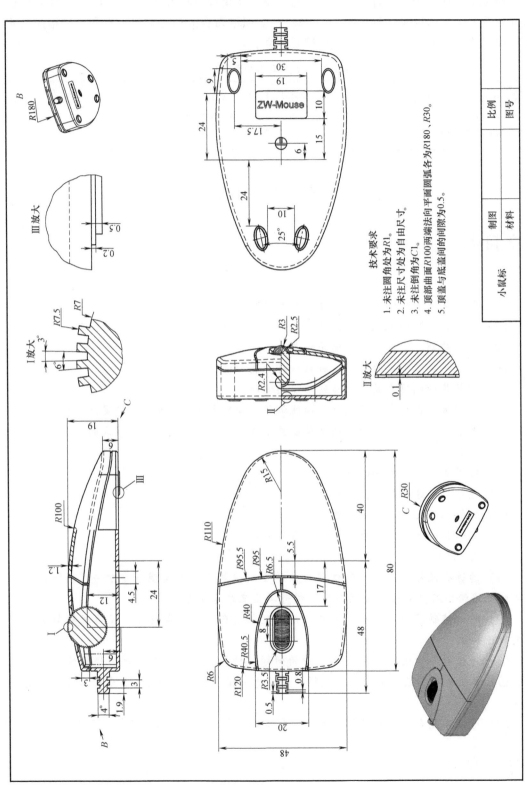

技术要求
1. 未注圆角处为R1。
2. 未注尺寸处为自由尺寸。
3. 未注倒角为C1。
4. 顶部曲面R100两端法向平面圆弧各为R180、R30。
5. 顶盖与底盖间的间隙为0.5。

图2-93　小鼠标

ZW-Mouse

	比例	
	图号	
制图		
材料		
小鼠标		

任务分析

从图样可以看出鼠标造型有很多细节需要完成，在建模过程中应遵循先主后次、先整体后细节的思路。本任务的鼠标模型主要由三个部分组成：底盖、滚轮和面盖，在建模过程也可以分成三个部分进行建模。首先创建一个鼠标顶面的曲面，然后利用这个曲面分割出鼠标的主体造型。然后，再将该造型分离出鼠标底座部分和顶盖部分，并对这两部分分别进行细节处理，如圆角、斜角、光电孔、底座脚垫等特征操作，最后进行鼠标滚轮部分的造型和滚齿的处理以完成整个零件的设计。小鼠标设计简化流程图如图2-94所示。

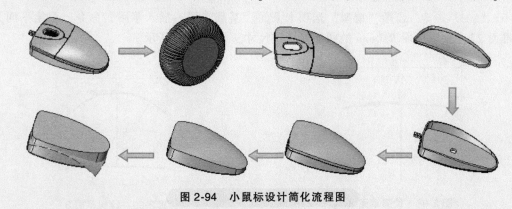

图 2-94　小鼠标设计简化流程图

任务实施

1）新建零件。双击桌面"中望3D 2021教育版"快捷方式，新建一个零件文件，命名为"小鼠标设计"并保存，注意保存位置，保存类型为默认的＊.Z3。

小鼠标设计1　小鼠标设计2　小鼠标设计3　小鼠标设计4　小鼠标设计5

2）绘制草图1。选择"造型"选项卡下的"基础造型→插入草图"命令，草绘平面为"XZ"，选择"草图→圆弧"命令，绘制一段半径为100mm的圆弧并标注尺寸，如图2-95所示。

3）创建基准面1。选择"造型"选项卡下的"基准面"命令，选择"平面"和"对齐到几何坐标的XY面"，选取草图1的左端点建立基准面1，如图2-96所示。

4）创建基准面2。选择"造型"选项卡下的"基准面"命令，选择"平面"和"对齐到几何坐标的XY面"，选取草图1的右端点建立基准面2，如图2-97所示。

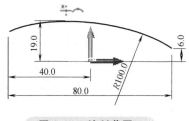

图 2-95　绘制草图1

5）绘制草图2。选择"造型"选项卡下的"基础造型→插入草图"命令，草绘平面为"基准面1"，使用"参考"命令选择草图1作为参考几何体绘制一段 $R180$mm的圆弧，如图2-98所示。

💡 注意：圆弧2端点为对称约束。

图 2-96　创建基准面 1　　　　　　　图 2-97　创建基准面 2

6）绘制草图 3。选择"造型"选项卡下的"基础造型→插入草图"命令，草绘平面为"基准面 2"，绘制一段 *R*30mm 的圆弧并标注尺寸，如图 2-99 所示。

图 2-98　绘制草图 2　　　　　　　　图 2-99　绘制草图 3

7）放样曲面。选择"造型"选项卡下的"基础造型→驱动曲线放样"命令，"驱动曲线 C"为草图 1，"轮廓 P"选取草图 2、草图 3，如图 2-100 所示。

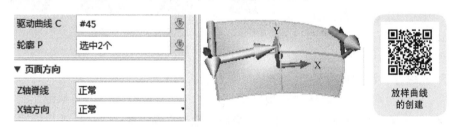

图 2-100　放样曲面

8）绘制草图 4。选择"造型"选项卡下的"基础造型→插入草图"命令，草绘平面为"XY"基准面，绘制草图并标注尺寸，如图 2-101 所示。

9）拉伸实体。在"造型"选项卡下选择"基础造型→拉伸"命令，"轮廓 P"为草图 4，"拉伸类型"为"2 边"，起始点 S 为"0"，结束点 E 超过放样曲面的最高处即可，如图 2-102 所示。

10）修剪实体。选择"造型"选项卡下的"编辑模型→修剪"命令，"基体"为拉伸体，"修剪面"为放样曲面，如图 2-103 所示。

注意：黄色大箭头指示的方向是零件需要保留的部分，可以通过勾选"保留相反侧"选项框来旋转箭头的方向，保留的方向是原先箭头方向的反方向。

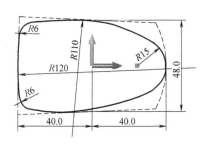

图 2-101　绘制草图 4

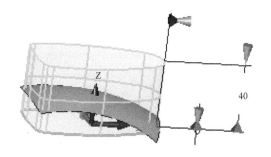

图 2-102　拉伸实体

11）复制实体。选择"造型"选项卡下的"基础编辑→复制"命令，选择"点到点复制"，"实体"选取鼠标顶部曲面，"起始点"为顶部的一个角点，"目标点"从起始点向下拖动 3mm，如图 2-104 所示。

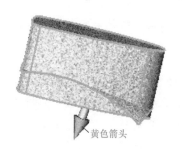

黄色箭头

图 2-103　修剪实体

实体　　选中1个
起始点　.,-17.3981,13.6357
目标点　选中1个

图 2-104　复制实体

注意：在"目标点"的操作中，使用"着色"模式不容易看清拖动的距离，可以改成"线框"模式进行操作。

说明："点到点复制"是指从一点复制零件实体到另一点。使用此命令时所有的草图副本将被锁定，使用"向量"选项对齐实体。

"复制实体"命令用来复制 3D 零件实体，支持多种方法，包括方向、点、坐标系等。复制几何体命令主要包括：动态复制（3D）、点到点复制（3D）、沿方向复制（3D）、绕方向复制（3D）、对齐坐标系复制（3D）、沿曲线复制（3D）等操作，本例用"点到点复制"较好。

12）分割实体。将鼠标体分为鼠标底座部分和鼠标顶盖部分。选择"造型"选项卡下的"编辑模型→分割"命令，"基体 B"为拉伸体，"分割面 C"为复制的曲面，为确保正常分割，勾选"延伸分割面"，分割实体后可视后续的作用选择保留、删除或分割，本例"分割 C"选择"删除"，如图 2-105 所示。

思考：修剪实体与分割实体有何区别和相同之处？

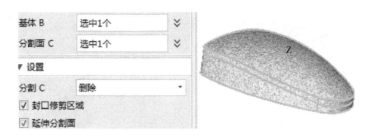

图 2-105　分割实体

> 💡 **注意**：分割几何体必须超过基体几何体，如果没有超过，可使用"延伸分割面"选项来延伸分割面，这个选项只在分割几何体（分割面）为曲面时才能使用。使用该命令时可进一步选择"线性延伸"和"圆弧延伸"。"线性"指延伸轨迹为一条直线，这种类型有一个优点，就是在切线方向一直沿着远离端点的轨迹延伸，但是它们之间的曲率不匹配，这会造成视觉上的不连续。"圆形"指延伸将沿着曲率方向形成一个圆形轨迹，这种类型的优点是前后曲率保持不变，但是延伸过长将会沿着切线反方向折返回来，如果想延伸到其他曲线或曲面这种方法是不可行的。

> **说明**：使用"分割实体"命令，将在实体或开放造型与面、造型或基准面相交的地方分割该实体或开放造型。这个命令会生成两个独立的实体或造型。这个命令也可以拆分一个开放造型，或者生成一个或多个开放造型。这个命令与曲面分割命令类似，但是无法保存两个造型之间的连接关系。

封口修剪区域：使用这个选项，可以决定最终的两个造型在修剪边缘是闭合（即两个独立的闭合造型）还是开放的（即两个独立的开放造型）。如果选择了这个选项，闭合的曲面是从分割几何体（即面、造型或平面）里继承的。

13）隐藏顶盖。选择"隐藏"命令在弹出的对话框中，"实体"选择鼠标顶盖，将暂时不用的鼠标顶盖隐藏，如图 2-106 所示。

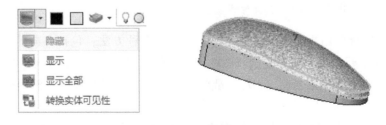

图 2-106　隐藏顶盖

14）偏移曲面。选择"造型"选项卡下的"编辑模型→面偏移"命令，"面 F"为鼠标底座的顶面，"偏移 T"为-0.5mm，其他参数不做修改，如图 2-107 所示。

> **思考**：抽壳功能与面偏移功能有何相同点和不同点？

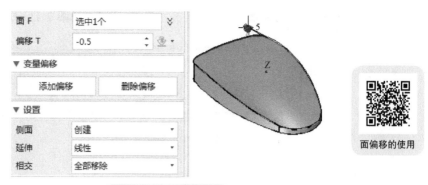

面偏移的使用

图 2-107 偏移曲面

> **注意：**
>
> ① "偏移" 选项用于指定偏移距离，负值表示向内部偏移，正值表示向外部偏移。
>
> ② 如果对一个已附加偏移属性（即已经使用了添加偏移选项）的壳面设置偏移量，那么偏移量不会起作用，只有偏移属性会生效。这个命令的偏移会记录到零件的操作历史中但不会生效，除非删除偏移属性并重新生成零件。
>
> ③ 如果凹/凸角的偏移距离等于或大于圆角的半径，则该命令可能无法成功执行。

> **说明：** 使用 "面偏移" 命令来偏移一个或多个外壳面，壳体可以是一个开放或封闭的实体，必选输入包括要偏移的面和偏移的距离。可选输入包括偏移后新增的侧面以及为个别面添加和删除偏移属性。

15）创建圆角。使用 "造型" 选项卡下的 "工程特征→圆角" 命令，选取鼠标底座底部边线创建 $R1mm$ 的圆角，如图 2-108 所示。

> **注意：** 选择边线时可以按住 <Shift> 键进行选择。

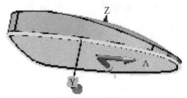

图 2-108 创建圆角

16）抽壳特征。使用 "造型" 选项卡下的 "编辑模型→抽壳" 命令，"造型 S" 为鼠标底座，"厚度 T" 为向内 1.2mm，"开放面 O" 选择鼠标顶部曲面，如图 2-109 所示。

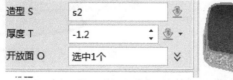

图 2-109 抽壳特征

17）绘制草图 5。选择 "造型" 选项卡下的 "基础造型→插入草图" 命令，草绘平面为 YZ 基准面，选择 "圆" 工具，绘制 φ5mm 的圆，圆心与原点为 "垂直点约束"（X 方向对齐），如图 2-110 所示。

18）拉伸实体。在 "造型" 选项卡下选择 "基础造型→拉伸" 命令，"布尔运算" 为 "加运算"，"轮廓 P" 为草图 5，"拉伸类型" 为 "2 边"，"起始点 S" 通过右键菜单选择

"到面"，再选择鼠标前侧内表面，"结束点 E"为"-48"，如图 2-111 所示。

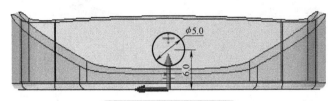

图 2-110 绘制草图 5

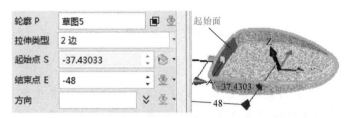

图 2-111 拉伸实体

19）绘制草图 6。选择"造型"选项卡下的"基础造型→插入草图"命令，草绘平面为 XY 基准面，用"矩形"工具绘制两个 2mm×0.8mm 的小矩形并标注尺寸，如图 2-112 所示。

注意：两个小矩形是关于 X 轴对称的。

20）拉伸切除实体。在"造型"选项卡下选择"基础造型→拉伸"命令，"布尔运算"为"减运算"，"轮廓 P"为草图 6，拉伸起点为 0，终点高过实体即可，如图 2-113 所示。

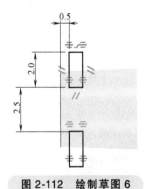

图 2-112 绘制草图 6

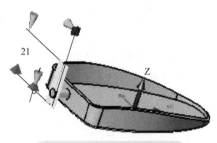

图 2-113 拉伸切除实体

21）阵列实体。选择"造型"选项卡下的"基础编辑→阵列"功能，阵列类型为"线性"，"基体"选择刚拉伸切除的实体特征（可通过过滤器来选择），"方向"选择坐标轴的 X 轴（图中红色大箭头），阵列数目为 3 个，间距按照图样要求取 3mm，并注意选择"无交错阵列"选项，如图 2-114 所示。

注意：在新装配模式下，阵列命令将不再支持对组件的阵列，并且通过选择过滤器也不能选择组件。如果需要阵列组件，可以选择位于"装配"工具栏下的"阵列"命令。

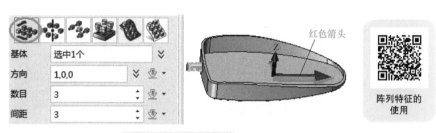

红色箭头

阵列特征的
使用

图 2-114　阵列实体

说明：使用"阵列"命令，可对特征、外形、组件、面、曲线、点、文本、草图、基准面、特征阵列和阵列的阵列等任意组合进行阵列。它支持6种不同类型的阵列，每种方法都需要不同类型的输入。

"线性"：该法可创建单个或多个对象的线性阵列。

"圆形"：该法可创建单个或多个对象的圆形阵列。

"点到点"：该法可创建单个或多个对象的不规则阵列，可将任何实例阵列到所选点上。

"在阵列上"：该法根据前个阵列对所选对象进行阵列，该阵列的特征（方向、数量、间距等）与所选的阵列相同。

"在曲线上"：该法通过输入一条或多条曲线创建一个3D阵列，第一条曲线用于指定第一个方向，这些曲线会自动限制阵列中的实例数量以适应边界。

"在面上"：该法可在一个现有曲面上创建一个3D阵列，该曲面会自动限制阵列中的实例数量，以适应边界 U 和边界 V。

22）绘制草图 7。选择"造型"选项卡下的"基础造型→插入草图"命令，草绘平面为"XZ"基准面，使用拉伸切除的边线为参考来添加，"参考"必选项中选择"曲线"，用"矩形"工具绘制 4 个 2mm×0.8mm 的小矩形，如图 2-115 所示。

23）拉伸切除实体。在"造型"选项卡下选择"基础造型→拉伸"命令，"布尔运算"为"减运算"，"轮廓 P"为草图 7，拉伸起点和终点分别在实体即可，如图 2-116 所示。

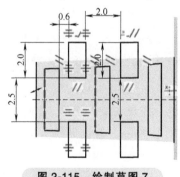

图 2-115　绘制草图 7

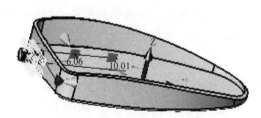

图 2-116　拉伸切除实体

24）创建基准面 3。选择"造型"选项卡下的"基准面"命令，选择"平面"和"对齐到几何坐标的 XZ 面"捕捉到图中的轴心点，建立基准面 3，如图 2-117 所示。

25）绘制草图 8。选择"造型"选项卡下的"基础造型→插入草图"命令，草绘平面为基准平面 3，用"点绘制曲线"工具绘制一条形似电源线的样条线，如图 2-118 所示。

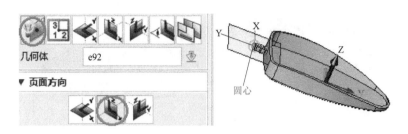

图 2-117　创建基准面 3

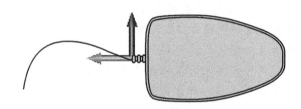

图 2-118　绘制草图 8

说明：在中望 3D 软件中绘制样条线的常用方法如下。

①"通过点创建曲线"：可通过定义曲线必须经过的点创建 3D 曲线，可使用"通过点创建曲线"命令实时地创建点，或者可使用"通过点云绘制曲线"命令使曲线穿过现有的点集。如果需要点与曲线处于同一个现有面上，可使用"面上曲线"命令。各个命令共享相同的可选输入，包括起点和终点切向、权重、光顺、阶数及创建开放曲线等。参见下文的可选输入部分。中望 3D 软件也可以在激活命令中直接编辑点。

②"通过点绘制曲线"：使用此命令通过定义一系列曲线将要通过的点创建一条曲线。只有点是必需的。也可以选择指定起点和终点切向、权重、光顺、曲线阶数以及选择开放或闭合曲线。

③"面上曲线"：使用此命令通过在面上的一系列点创建一条曲线。点和曲线均处于该面上。

④"通过点云绘制曲线"：使用此命令创建一条通过点云的曲线。必选输入包括起点和曲线上的其余各点。可选择指定起点/终点切向、起点/终点的相切权重、光顺方法、曲线阶数以及创建开放或闭合曲线。

26）杆状扫掠。选择"造型"选项卡下的"基础造型→杆状扫掠"命令，"曲线 C"选择草图 8，"直径 D"可根据实际导线大小进行选取，这里取 3mm，假设导线为实心即"内直径"为 0，其他参数不做修改，如图 2-119 所示。

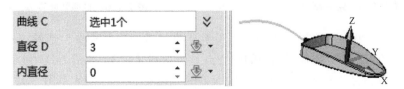

图 2-119　杆状扫掠

杆状扫掠完成后可将其隐藏，以方便后续的操作。

　　说明：杆状扫掠命令是通过扫掠曲线（如直线、圆弧、圆或曲线）创建杆状体。曲线可相切或形成 X、T 或 L 形造型。此命令对管道、导管或电缆等线路的建模是十分有用的。必选输入包括杆状体直径，内直径和扫掠曲线，可选输入包括杆状体连接等。

　　必选项说明如下。

　　"曲线 C"：用于选择、确定杆状体路径的曲线。可以选择任何线框、草图、零件边线和曲线列表。

　　"直径 D"：是指定杆状体的外直径，可输入一个值或直接输入一个现有变量名称到文本输入框或单击右键引用一个现有的标注值或表达式。

　　"内直径"：用于指定杆状体的内直径，"内直径"的值必须比"直径 D"的值小。

　　可选项说明如下：

　　"杆状体连接"：用于将各杆状体连接为一个实体。

　　"圆角角部"：勾选该框，在尖锐处添加圆角，该命令会先对所选的曲线进行圆角操作，然后再生成杆状造型。

　　"保留曲线"：勾选此框，保留在必选输入部分所选择的曲线，如果不勾选此框，在命令结束后将删除这些曲线。

　　27）绘制草图 9。选择"造型"选项卡下的"基础造型→插入草图"命令，草绘平面为 XY 基准面，用"圆"工具绘制一个距离坐标原点 6mm 且直径为 4.5mm 的小圆，如图 2-120 所示。

　　注意：圆心的 Y 坐标与原点为"水平点约束（Y 方向对齐）"。

　　28）拉伸切除实体。在"造型"选项卡下选择"基础造型→拉伸"命令，"布尔运算"为"减运算"，"轮廓 P"为草图 9，"拉伸类型"为"2 边"，"起始点 S"为"0"，"结束点 E"以能切除鼠标底座壳体为准，如图 2-121 所示。

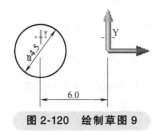

图 2-120　绘制草图 9

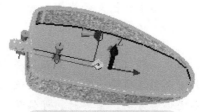

图 2-121　拉伸切除实体

　　29）创建圆角。使用"造型"选项卡下的"工程特征→圆角"命令，选取圆孔边线，添加 $R1mm$ 的圆角，如图 2-122 所示。

　　30）绘制草图 10。选择"造型"选项卡下的"基础造型→插入草图"命令，草绘平面为 XY 基准面，用"椭圆"工具绘制 4 个 5mm×9mm 的小椭圆，如图 2-123 所示。

　　注意：

　　① 其中 2 个小椭圆需绕椭圆中心旋转 5°。

　　② 绘图时可以先绘制 2 个椭圆，再通过镜像得到 4 个小椭圆。

　　③ 图中椭圆间距尺寸 5mm、15mm、24mm 等皆为椭圆上的特征点到坐标原点的距离。

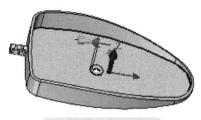

图 2-122　创建圆角

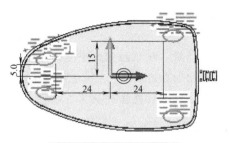

图 2-123　绘制草图 10

31）拉伸实体。在"造型"选项卡下选择"基础造型→拉伸"命令，"布尔运算"为"加运算"，"轮廓 P"为草图 10，"拉伸类型"为"2 边"，"起始点 S"为"0"，"结束点 E"为"0.2"，如图 2-124 所示。

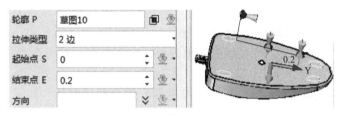

图 2-124　拉伸实体

32）绘制草图 11。选择"造型"选项卡下的"基础造型→插入草图"命令，草绘平面为小椭圆面，选择 4 个小椭圆的边线为参考曲线，使用"曲线→偏移"工具，将参考线向内侧偏移 0.5mm，产生 4 个新的小椭圆，如图 2-125 所示。

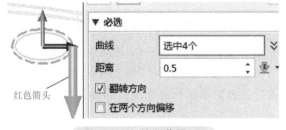

图 2-125　绘制草图 11

🔊 **注意：** 勾选"翻转方向"可改变偏移方向，如图中红色大箭头方向的切换。

说明： 曲线偏移（3D/2D）是在零件级（3D 偏移）或草图和工程图级（2D 偏移）下使用，此命令通过偏移曲线、曲线链或边缘来创建另一条曲线。对 2D 偏移，应指定偏移距离和确定偏移方向。需要时，可偏移一条曲线来创建多条曲线。

可选项说明如下。

"翻转方向"：用于反转偏移方向。

"数目"：用于确定曲线偏移的数量。

"在两个方向偏移"：用于双向偏移（即创建两条曲线）。

"在凸角插入圆弧"：选中此框，用于在连接处插入一段圆弧。

"在自交点处断开"：选中此框，用于断开偏移曲线的自相交处。

"删除偏移区域的弓形交叉"：选中此框，用于自动删除偏移曲线的弓形部分（即闭合相交的地方）。现支持删除多段线偏移产生的弓形部分。

"连接的曲线以完整的圆弧显示"：选中此框，用于在各连接线或曲线转角插入一段圆弧，然后输入添加圆弧的"半径"。

33）拉伸实体。在"造型"选项卡下选择"基础造型→拉伸"命令，"布尔运算"为"加运算"，"轮廓 P"为草图 11，"拉伸类型"为"2 边"，"起始点 S"为"0"，"结束点 E"为"0.3"，如图 2-126 所示。

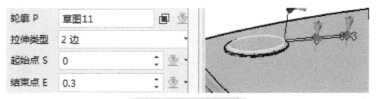

图 2-126　拉伸实体

说明：至此鼠标底座部分设计完成，可将底座部分隐藏，并显示鼠标顶盖部分。

34）抽壳特征。使用"造型"选项卡下的"编辑模型→抽壳"命令，"造型 S"选取鼠标顶盖模型（如果不能选中，可通过切换过滤器进行选择），"厚度 T"取−1.2mm，"开放面 O"选择顶盖内表面，如图 2-127 所示。

图 2-127　抽壳特征

注意：如果偏移厚度大于外形上最小凹圆角的半径，则抽壳命令执行可能失败。

35）绘制草图 12。该草图比较复杂可分为几个步骤来完成，选择"造型"选项卡下的"基础造型-插入草图"命令，草绘平面为 XY 基准面，先绘制一个 7mm×15mm 的圆角矩形，其近端圆心点到原点的距离为 21mm，如图 2-128 所示；再使用圆弧工具绘制一个 43mm×20mm 的椭圆，该椭圆由 4 段圆弧组成，圆弧半径为 $R6.5$mm 和 $R40.5$mm，其中近端 $R6.5$mm 的圆心到原点的距离为 17mm，接着使用"曲线-偏移"工具，将椭圆线向内侧偏移 0.5mm 产生新的小椭圆，如图 2-129 所示；最后使用直线工具、圆弧工具和曲线偏移工具完成剩余部分的草图，如图 2-130 所示。

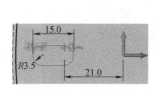

图 2-128　绘制圆角矩形

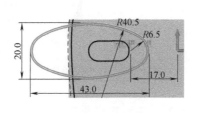

图 2-129　绘制椭圆

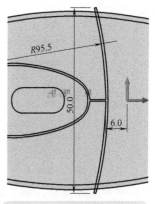

图 2-130　绘制剩余部分

注意：图中线条交叉处需做修剪，否则可能导致拉伸失败。

36）拉伸切除实体。在"造型"选项卡下选择"基础造型→拉伸"命令，布尔运算为"减运算"，"轮廓P"为草图12，"拉伸类型"为"2边"，"起始点S"为"0"，"结束点E"超过椭圆实体的顶面即可，如图2-131所示。

37）实体倒斜角。使用"造型"选项卡下的"工程特征→倒角"命令，对圆角矩形的4条边线进行斜角处理，斜角距离为1mm，如图2-132所示。

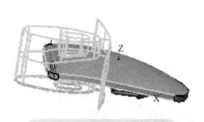

图2-131 拉伸切除实体

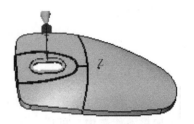

图2-132 实体倒斜角

说明：至此即完成鼠标顶盖部分的造型。

38）绘制滚轮草图13。选择"造型"选项卡下的"基础造型→插入草图"命令，草绘平面为"XZ"基准面，使用"圆"工具绘制1个大小为φ15mm的圆，圆心到原点距离为24mm，如图2-133所示。

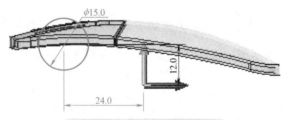

图2-133 绘制滚轮草图13

39）拉伸滚轮实体。在"造型"选项卡下选择"基础造型→拉伸"命令，布尔运算为"基体"，"轮廓P"为草图13，"拉伸类型"为"对称"，"结束点E"为"3"，如图2-134所示。

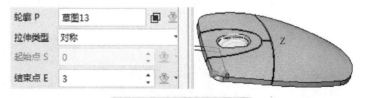

图2-134 拉伸滚轮实体

说明：鼠标滚轮是一个独立的实体，所以布尔运算为"基体"。基体特征用于定义零件的初始基础形状，如果活动零件中没有几何体，则自动选择该方法；如果有几何体，这个方法则创建一个单独的基体造型。

拉伸类型中的对称与 1 边方式类似，但会沿反方向拉伸同样的长度，本例中"结束点 E"为"3"则滚轮的厚度为 6mm。

40）滚轮实体圆角。使用"造型"选项卡下的"工程特征→圆角"命令，对滚轮的 2 条边线进行圆角处理，圆角半径为 3mm，如图 2-135 所示。

41）创建基准面 4。选择"造型"选项卡下的"基准面"命令，选择"平面"和"对齐到几何坐标的 YZ 面"，选取滚轮端面的圆心点，建立基准面 4，如图 2-136 所示。

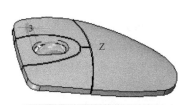

图 2-135　滚轮实体圆角

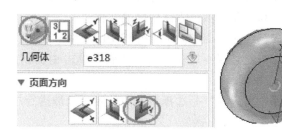

图 2-136　创建基准面 4

说明：为方便基准面的创建及后续的建模，可将鼠标顶盖部分隐藏。

42）绘制滚齿草图 14。选择"造型"选项卡下的"基础造型→插入草图"命令，草绘平面为"XY"面，使用"圆弧"工具和"直线"工具绘制 R2.5mm 的半圆形草图，如图 2-137 所示。

说明：这里关键尺寸只有 2 个，半径 R2.5mm 和中心距 4.5mm，其他尺寸不做限制，只要超出滚轮即可。

43）创建滚齿实体。在"造型"选项卡下选择"基础造型→旋转"命令，布尔运算为"减运算"，"轮廓 P"为草图 14，"旋转类型"为对称，"结束角度 E"取"1.5"，选择"轴 A"时可以将鼠标放于滚轮端面圆心处，系统会自动捕捉到旋转轴（图中绿色大箭头），如图 2-138 所示。

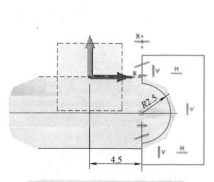

图 2-137　绘制滚齿草图 14

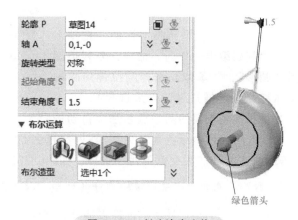

图 2-138　创建滚齿实体

注意：在可选项的设置中选择"两端封闭"。

说明：使用旋转造型命令可创建一个旋转造型特征，必选输入包括创建的特征类型（基体、加运算、减运算和交运算）和旋转的轮廓。它可以是线框几何体、面边或草图。可选输入包括设置开放轮廓的边界、轮廓的偏移和选择终端封闭。

必选项说明如下：加运算、减运算和交运算选项与组合模型命令相类似。"基体"用于定义一个零件的初始基础造型，如果激活零件中没有几何体，则自动选择基体方法；如果有几何体，这个方法则创建一个新的基体造型。"加运算"是将实体添加至激活零件中。

"减运算"是从激活零件中删除实体。

"交运算"是返回与激活零件相交的实体。

"轮廓"是选择要旋转的轮廓；或者单击中键创建特征草图，可选择面、线框几何体、面边或一个草图。

"选择轮廓区域"是选择草图中的闭合区域进行拉伸，使用此选项再次选择该区域会取消选择。

"轴"用于指定旋转轴，可选择一条线，或单击右键显示额外的输入选项。

"旋转类型"指定旋转的方法。如果选择1边即只能指定旋转的结束角度；如果选择2边则可以分别指定旋转的起始角度和结束角度；如果选择对称则与1边类型相似，但在反方向也会旋转同样的角度。

起始角度、结束角度用于指定旋转特征的开始和结束角度。可输入精确的值，拖动鼠标显示预览，或者单击右键显示额外的输入选项。当单击右键时，可以使用面边界输入选项。这样，可将修剪特征的开始/结束位置确定至所选的边界。如果使用基体方法，该特征被修剪但仍保留成一个单独的实体。

可选项说明如下：勾选"保留轮廓"，将保留上述必选输入选择的旋转轮廓，否则该轮廓将删除。勾选"反转面方向"，将反转开放造型的所有面的方向。勾选"终端封闭"，将在造型的开始和结束处对封闭面的位置进行控制。当使用闭合轮廓或有边界选项的开放轮廓时，可以自动构成闭合的体积块。

44）阵列实体。选择"造型"选项卡下的"基础编辑→阵列"命令，阵列类型为"圆形"，"基体"选择刚拉伸切除的实体特征（可通过过滤器来选择），"方向"选择滚轮端面的圆心点系统会自动选

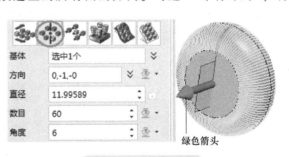

图 2-139　阵列实体

择轴线方向（图中绿色大箭头），阵列数目为60个，角度按照图样要求取6°，并注意选择"阵列对齐"和"无交错阵列"选项，如图2-139所示。

说明：至此完成鼠标滚轮部分的造型，接下来可以对鼠标做进一步细节处理。

45）实体圆角。显示鼠标顶盖部分，使用"造型"选项卡下的"工程特征→圆角"功能指令，对顶盖周边的线条进行圆角处理，圆角半径为1mm，如图2-140所示。

46）绘制铭牌草图15。隐藏鼠标滚轮部分，选择"造型"选项卡下的"基础造型→插入草图"命令，草绘平面为"XY"面，使用"矩形"工具绘制4个圆角为R1mm，大小为

10mm×19mm 的矩形草图，如图 2-141 所示。

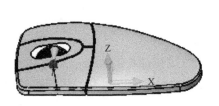

图 2-140　实体圆角

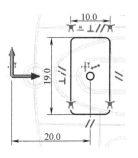

图 2-141　绘制铭牌草图 15

47）拉伸切除实体。在"造型"选项卡下选择"基础造型→拉伸"命令，布尔运算为"减运算"，"轮廓 P"为草图 15，"起始点 S"为"0"，"结束点 E"为"-0.1"，如图 2-142 所示。

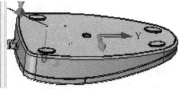

图 2-142　拉伸切除实体

48）绘制铭牌文字草图 16。选择"造型"选项卡下的"基础造型→插入草图"命令，草绘平面为拉伸切除的铭牌面，使用"绘图→预制文字"命令，输入铭牌文字"ZW-Mouse"，如图 2-143 所示。

图 2-143　绘制铭牌文字草图 16

思考：如果不使用"预制文字"而选择"文字"能否完成该内容的操作？为什么？

注意：为保证文字的方向与所要求的方向一致，可以先绘制一条直线，再将它转化为构造线，这样选择原点和文字的方向都比较方便；也可以先让文本水平放置，再用基础编辑中的旋转功能将文字转到所需的位置；或者先将草绘平面旋转到合适的方向后再输入文字。

说明：使用此"预制文字"命令，可创建沿水平或曲线的文本。对于设计文本标识，以及在设计特征中使用的其他文本来说，这非常有用。例如，包含此文本的草图可放置到平面或非平面零件面上，然后利用其创建一个下沉或上浮的特征。

必选项说明如下：

"文字"用于输入创建的字符串或单击"浏览"按钮打开编辑器。

"原点"是选择起始点，以定位文本，文本可从曲线端点、沿曲线的任意处或曲线外的任意处开始。

可选项说明如下：

"字体"指从预定义文本字体中选择字体。

"样式"是选择一个文本样式（支持常规、斜体、加粗和加粗斜体）。

"大小"指输入文本高度。

"曲线"指若想要文本沿一条曲线，则选中该曲线，若此选项为空，文本将水平放置。

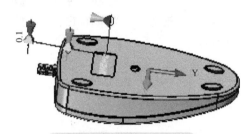

49）拉伸文字实体。在"造型"选项卡下选择"基础造型→拉伸"命令，布尔运算为"加运算"，"轮廓 P"为草图 16，"起始点 S"为"0"，"结束点 E"为"0.1"，如图 2-144所示。

图 2-144　拉伸文字实体

50）改变实体外观。显示所在造型，选择"视觉样式"选项卡下的"纹理→面属性"命令，在"面"输入框中选择导线和滚轮，"颜色"选择黑色，如图 2-145所示。继续选择"视觉样式"选项卡下的"纹理→木质"命令，在"面"中选择剩余的面，如图 2-146所示。

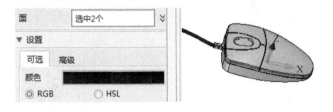

图 2-145　改变实体外观（一）

图 2-146　改变实体外观（二）

51）完成建模。隐藏 XY、XZ、YZ 基准面，关闭"三重轴显示"，然后保存模型，如图 2-147所示。至此，鼠标模型基本完成。

只要一步一步地跟着教程练习，会发现中望 3D 软件清晰的三维 CAD 建模流程，以及减少了三维 CAD 软件的学习时间。

图 2-147 完成建模

学习小结

本任务主要介绍小鼠标的设计，复习了中望 3D 软件草图绘制工具的使用和尺寸的约束方法，进一步巩固基准面的创建和参考几何的添加方法，重点学习了基础造型中的旋转、扫掠、杆状扫掠、驱动曲线放样命令；工程特征中的圆角、倒角命令；编辑模型中的面偏移、抽壳、分割、修剪命令；基础编辑中的阵列、复制命令等，很好地补充了电子产品外壳设计中没有使用到的一些基本建模方法。

练习题

2-1　完成图 2-148 中零件的 3D 实体建模。

2-2　完成图 2-149 中轴承座的 3D 实体建模。

2-3　完成图 2-150 中家电产品下壳的 3D 实体建模。

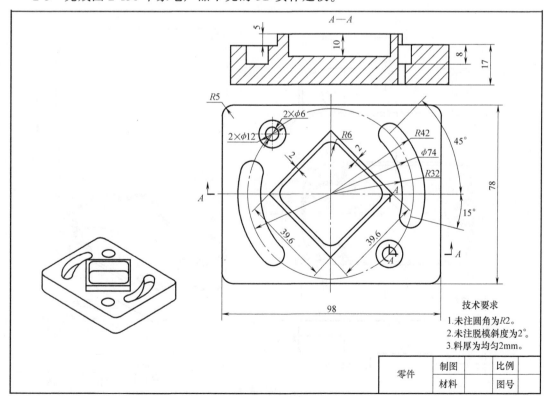

图 2-148 练习题 2-1

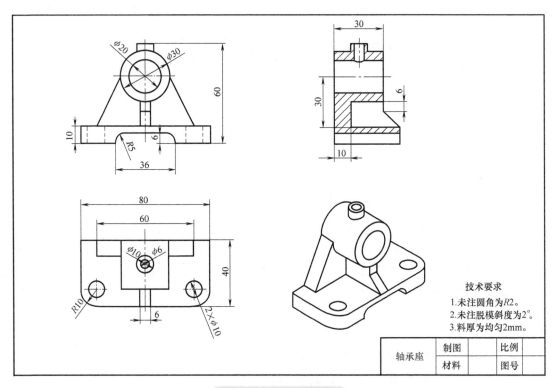

图 2-149　练习题 2-2

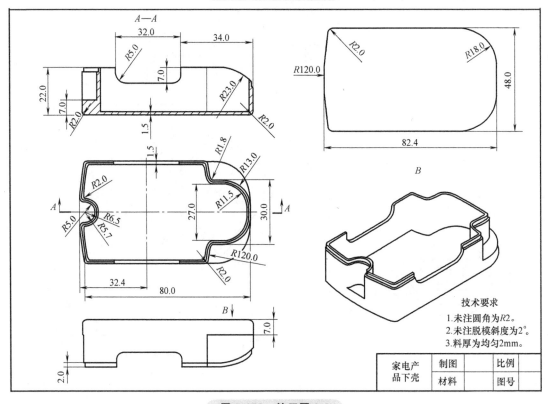

图 2-150　练习题 2-3

2-4　完成图 2-151 中接线盒的 3D 实体建模。

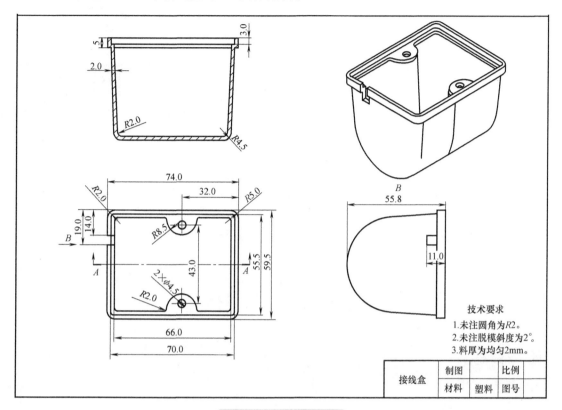

技术要求
1.未注圆角为R2。
2.未注脱模斜度为2°。
3.料厚为均匀2mm。

接线盒	制图		比例	
	材料	塑料	图号	

图 2-151　练习题 2-4

曲面建模

本项目对标"1+X"知识点
（1）中级能力要求 1.2.2　能运用空间曲线设计方法，正确创建空间曲线。
（2）中级能力要求 1.2.4　依据创建的空间曲线，能正确构建曲面模型。
（3）中级能力要求 1.2.5　依据工作任务要求，能运用编辑方法，修改简单的曲面模型。

任务1　设计瓶子外观

任务目标

1. 知识目标

（1）会基于中望 3D 软件分析零件的绘图工艺。
（2）通过设计瓶子外观的造型，掌握利用驱动曲线放样建立放样曲面。
（3）掌握实体造型与曲面造型在建模过程中的相互转化应用。
（4）掌握曲面造型中的圆形双轨、N 边形、直纹曲面及放样功能的使用。
（5）巩固实体造型在圆角、抽壳、球体、切除功能的使用。

2. 能力目标

（1）能够使用曲面造型中的圆形双轨、N 边形、直纹曲面及放样功能。
（2）能够完成放样曲面的创建。

3. 素质目标

（1）瓶子外观尺寸不做定性规定，学生可以自由发挥，培养学生的创新意识。
（2）在产品造型过程中，培养学生解决问题的能力和团队合作精神。

任务描述

完成图 3-1 中瓶子外观的设计。

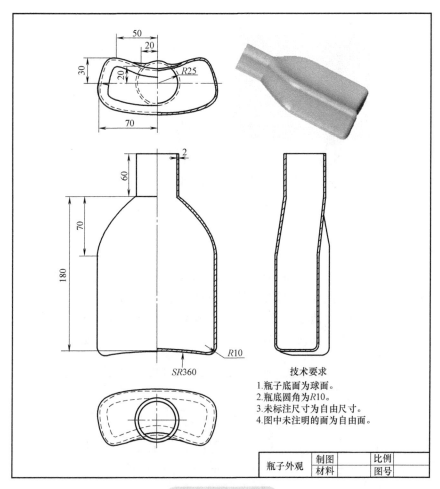

图 3-1　瓶子外观

技术要求
1. 瓶子底面为球面。
2. 瓶底圆角为R10。
3. 未标注尺寸为自由尺寸。
4. 图中未注明的面为自由面。

瓶子外观	制图		比例	
	材料		图号	

瓶子外观设计1

瓶子外观设计2

任务分析

　　从图样可以看出该瓶子外观呈各面均不规则的曲面造型，底部呈球面形，建模过程主要有两种思路，一种可以采用实体造型，将各个截面的草图绘制出来，然后由实体放样将各部分实体建立出来，经过底部球体的切除、倒角，最后抽壳而成即可。本任务选择第二种方案，主要用到曲面各项功能，通过曲面的拉伸、放样、圆形双轨、N边形、直纹曲面功能，先做出瓶子的外壳，再通过实体抽壳往内部抽出 2mm 的壁厚完成该任务。除了要掌握曲面功能之外，同时也为这种外观类型的三维造型提供一种思路。瓶子外观设计简化流程图如图 3-2 所示。

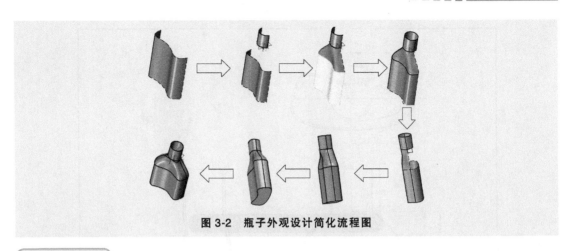

图 3-2　瓶子外观设计简化流程图

任务实施

1）新建零件。双击桌面"中望 3D 2021 教育版"快捷方式，新建一个零件文件，命名为"瓶子外观设计"并保存，注意保存位置，保存类型为默认的 *.Z3。

2）创建草图 1。选择"造型"选项卡的"基础造型→插入草图"命令，草绘平面为"XY"，使用"点绘制曲线"功能绘制草图并标注尺寸，如图 3-3 所示。

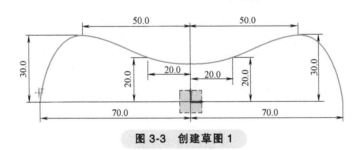

图 3-3　创建草图 1

💡 注意：草绘时选择坐标原点为对称中心，要保证左边三个通过点与右边三个通过点对称，可以镜像点但不能镜像曲线，曲线要一次性通过六个点画出来才能保证左右曲线的光滑。

3）曲面拉伸。选择"造型"选项卡的"基础造型→拉伸"命令，布尔运算选择"基体"，"起始点 S"为"70"，"结束点 E"为"200"，如图 3-4 所示。

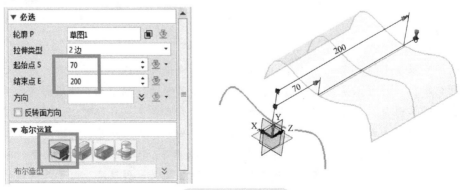

图 3-4　曲面拉伸

说明：使用实体命令进行曲面造型是中望 3D 软件的一大特色。中望 3D 软件的体称为面体，它既是体又是面，有正反面之分，可以用不同的颜色显示出来，这是中望 3D 软件的特色之一。

4）创建草图 2。选择"造型"选项卡的"基础造型→插入草图"命令，草绘平面为"XY"，使用"圆弧"命令绘制一半圆并标注尺寸，如图 3-5 所示。

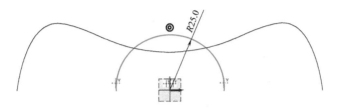

图 3-5　创建草图 2

注意：在使用"插入草图→圆弧"命令绘制圆弧时，应注意圆弧两端要与 X 轴在同一条直线上。

5）曲面拉伸。选择"造型"选项卡的"基础造型→拉伸"命令，布尔运算选择"加运算"，"起始点 S"为"0"，"结束点 E"为"−50"，并标注尺寸，如图 3-6 所示。

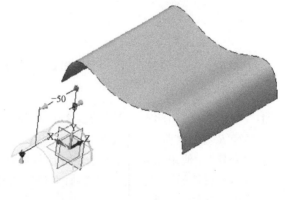

图 3-6　曲面拉伸

6）放样曲面。选择"造型"选项卡的"基础造型→放样"命令，选择图 3-7 中的两条轮廓，连续方式选择"相切"，方向选择"垂直"，"权重"设为"0.01"即可。

注意：记得将连续方式选择为"相切"，方向选择为"垂直"。

7）圆形双轨。选择"曲面"选项卡的"曲面→圆形双轨"命令，"方式"选择"常量"，参数设置如图 3-8 所示。

说明：使用"圆形双轨"命令可在两组路径曲线（即双轨）间创建一个圆横截面的面，横截面的半径由创建方式确定，用于定义与两条边界曲线相交处的圆。

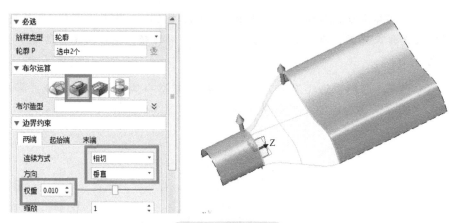

图 3-7 放样曲面

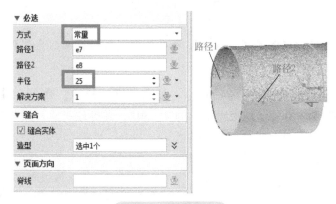

图 3-8 圆形双轨

方式的选择有四种：

①"常量"。使用此方法在两条路径曲线间创建一个带常量的圆横截面。横截面由上述的常量半径 R 与二次曲线比率 CR 定义；

②"变量"。使用此方法在两条路径曲线间创建一个带变量的圆横截面的面，会要求选择一条带半径属性的脊线，使用"添加半径"选项在沿脊线需要的地方添加半径属性，半径属性将决定面的可变半径；

③"中心"。使用该方式在两条路径曲线（即轨迹）间创建一个圆形面，其半径默认由中心曲线定义；

④"中间"。使用此方法在两条路径曲线（即轨迹）间创建一个圆形面，其半径默认由中间曲线定义。

思考：半圆曲面还有几种生成方式？

8）放样。选择"造型"选项卡的"造型→放样"命令，"布尔运算"选择"加运算"，连续方式选择"曲率"，方向选择"垂直"，"权重"保持默认值即可，"轮廓 P"选择边界线 1 和边界线 2，参数设置如图 3-9 所示。

9）N 边形面。选择"曲面"选项卡的"曲面→N 边形面"命令，"边界"依次选取对应曲面的 4 条边，"拟合"选择"曲率"，参数设置和结果如图 3-10 所示。

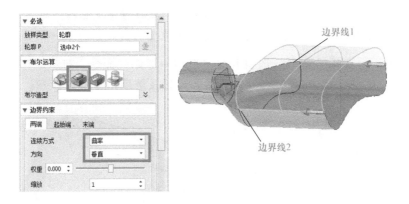

图 3-9　放样

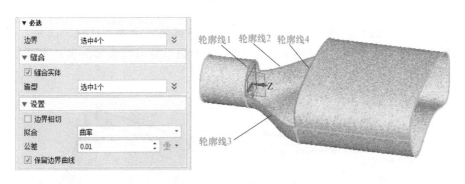

图 3-10　N 边形面

说明："N 边形面"主要用来修补三个或更多轮廓来创建一个面，该轮廓可以为线框几何体、草图或面边线，当选择边界曲线时，系统通过对应图形符号显示曲线链的间断性。红色三角表示曲线相接处不是连续相切的（有效的 N 补片的终点），橙色正方形表示不连续曲线段的终点。这将提醒用户注意可能导致该命令失败的曲线几何体。

10）直纹曲面。选择"曲面"选项卡的"曲面→直纹曲面"命令，"路径 1"和"路径 2"分别选取底面的两条边，参数设置及结果如图 3-11 所示。

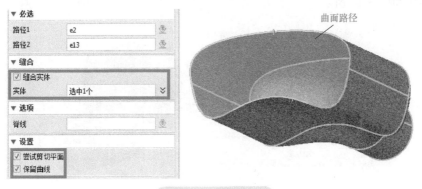

图 3-11　直纹曲面

说明："直纹曲面"命令根据两条曲线路径间的线性横截面创建一个直纹曲面，必选输入包括两条路径曲线，可选输入包括使用脊线并在需要时赋予特征一个唯一名称。

11）切出底面。选择"造型"选项卡的"造型→球体"命令，布尔运算为"减运算"，圆心位置为（0，0，540），半径为"360"，参数设置及结果如图3-12所示。

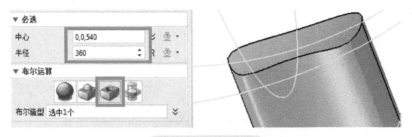

图 3-12　切出底面

12）创建圆角。选择"造型"选项卡的"造型→圆角"命令，选取"圆角"及图中瓶子底部边线，添加1个圆角，"半径R"为"10"，参数设置及结果如图3-13所示。

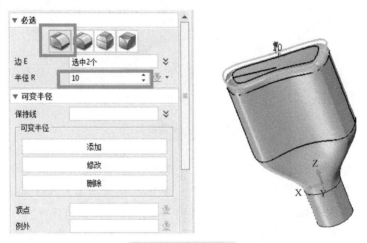

图 3-13　创建圆角

13）抽壳。选择"造型"选项卡的"造型→抽壳"命令，"厚度T"设置为"-2"，参数设置及结果如图3-14所示。

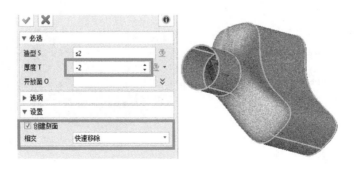

图 3-14　抽壳

学习小结

本任务主要介绍通过中望3D软件的曲面与实体功能进行瓶子的外观设计，其目的是让学生理解圆形双轨、N边形、直纹曲面命令的曲面造型功能，加深理解中望3D软件实体建模中圆角、抽壳、球体、切除命令的功能，掌握实体造型与曲面造型功能在实际三维建模过程中相互转化的使用；让学生理解中望3D软件的面体含义，掌握利用曲面功能进行三维造型的思路。

任务2　设计相机壳

任务目标

1. 知识目标

（1）学会实体造型中扫掠、圆角、修剪、拔模功能在曲面造型中的使用。

（2）掌握曲面功能的曲面延伸、缝合功能。

（3）掌握在实体中倒椭圆角的方法。

2. 能力目标

（1）能交叉使用实体造型与曲面造型功能。

（2）正确使用曲面缝合及曲面延伸功能。

（3）正确使用在实体中倒椭圆角功能。

3. 素质目标

（1）培养学生严谨细致的工作作风。

（2）使学生自觉遵守机械设计的相关国家标准。

（3）培养学生精益求精的精神。

（4）培养学生勤于思考的习惯。

任务描述

完成图 3-15 中相机壳的设计。

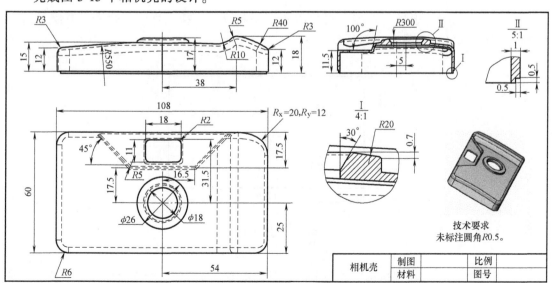

技术要求
未标注圆角R0.5。

相机壳	制图		比例	
	材料		图号	

图 3-15　相机壳

任务分析

相机壳的建模思路较明确，它是典型的三维实体切除式建模法，具体思路是先创建一个实体，然后用曲面切除主要的零件表面，接着倒角、抽壳和创建细节，最终完成整个实体产品建模。相机壳设计简化流程图如图3-16所示。

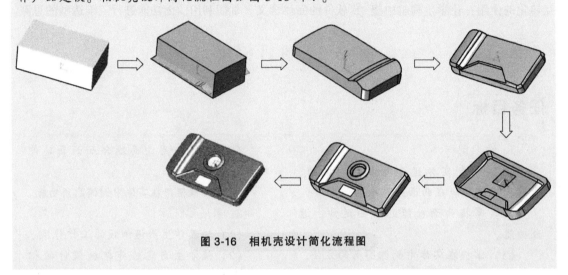

图3-16 相机壳设计简化流程图

任务实施

1) 新建零件。双击桌面"中望3D 2021教育版"快捷方式，新建一个零件文件，命名为"相机壳设计"并保存，注意保存位置，保存类型为默认的*.Z3。

相机壳外形1　相机壳外形2　相机壳外形3

2) 创建草图1。选择"造型"选项卡的"基础造型→插入草图"命令，草绘平面为"XY"并标注尺寸，如图3-17所示。

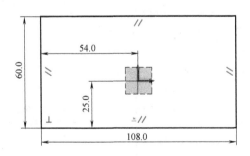

图3-17 创建草图1

3) 创建拉伸。选择"造型"选项卡的"基础造型→拉伸"命令对草图1进行拉伸，参数设置及结果如图3-18所示。

4）创建草图 2。选择"造型"选项卡的"基础造型→插入草图"命令，草绘平面为"XZ"并标注尺寸，如图 3-19 所示。

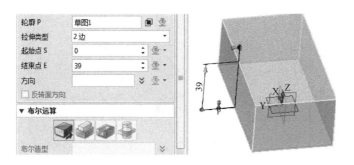

图 3-18 创建拉伸

图 3-19 创建草图 2

5）创建草图 3。选择"造型"选项卡的"基础造型→插入草图"命令，草绘平面为"YZ"，*R*300mm 圆弧的圆心与 X 轴方向的距离为 5mm，如图 3-20 所示。

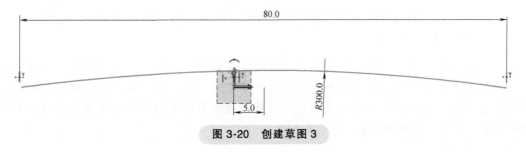

图 3-20 创建草图 3

6）创建扫掠面。选择"造型"选项卡的"基础造型→扫掠"命令，轮廓 P1 选择草图 2，路径 P2 选择草图 3，参数设置及结果如图 3-21 所示。

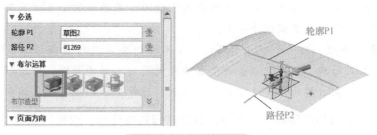

图 3-21 创建扫掠面

7）曲面延伸。对扫掠的曲面两端进行延伸，选择"曲面"选项卡的"曲面→延伸面"命令，延伸的距离为5mm，参数设置及结果如图3-22所示。

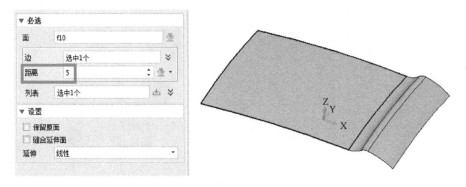

图3-22 曲面延伸

说明：曲面功能有如下两种方法延伸一个或多个面。

①方法一：这个命令可以从"曲面"工具栏或"编辑→面"的下拉菜单中访问，它可以同时延伸开口外壳特征的边线和多个面，可以从任意面选择开放边，中望3D软件会试图保持拓扑连接（即闭合性）。此命令可以提供环路提示，以便选择任何面的多条边，单击鼠标中键结束命令，使用这种方法不必事先炸开特征。

②方法二：可以在对象编辑模式下使用，首先把实体过滤器设定为"面"，然后右键单击一个面，从弹出菜单中选择"延伸"。这个方法只能对单个面进行操作，可以选择缝合边进行延伸，因为在所有延伸之前其面会先被炸开，这个方法还提供一个选项将延伸的面与被延伸的外形缝合，否则将形成一个单独的外形。

8）曲面缝合。对扫掠面进行缝合处理，选择"曲面"选项卡的"曲面→缝合"命令，选择扫掠曲面及两个延伸面。

说明：使用这个命令通过缝合面（或相连的边）形成一个单一的闭合实体来创建一个新的特征，面的边缘必须相交才能缝合（即自由边之间的间隙不能超过缝合的公差），使用"零件设置对话框"中的"自由边"选项来显示当前激活零件的所有自由边，使用"炸开面"命令从造型中拆分一个或多个面。

⚙ 注意：

①使用这个命令后查看消息区域，如果边与边之间存在间隙，系统会显示不匹配边的总数，以及最大间隙的距离。如果仍然存在开放边，用更大的公差进行再次缝合，可能需要使用递增的公差多次尝试这个命令。

②作为最后一步，用一个稍大于显示最大间隙的公差进行缝合，这个缝合命令通过连接面来建立拓扑结构，但是它不会检查相连几何图形之间的间隙，使用带有默认零件公差设置的修复零件拓扑的命令，来重新计算顶点、边等，从而删除这些间隙。

9）倒圆角。对拉伸基体的三个Z方向侧面进行圆角处理，选择"造型"选项卡的"工程特征→圆角"命令，参数设置及结果如图3-23所示。

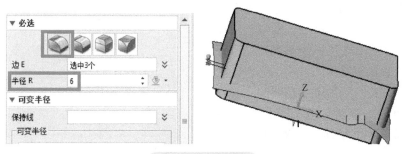

图 3-23　倒圆角

10）倒椭圆角。对拉伸基体的一个 Z 方向侧面进行椭圆角处理，选择"造型"选项卡下的"工程特征→圆角"命令，在对话框中选中"椭圆圆角"，具体参数设置及结果如图 3-24 所示。

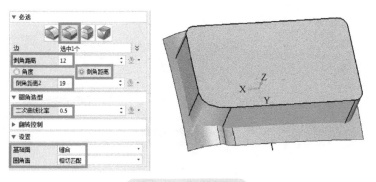

图 3-24　倒椭圆角

　　注意：选择倒角距离方式倒椭圆角的时候，由于倒角边的长度不一样，要记得选择第一个倒角边的位置。

11）修剪实体。选择"造型"选项卡的"基础造型→修剪"命令，拉伸体为"基体 B"，扫掠面为"修剪面 T"，参数设置及结果如图 3-25 所示。

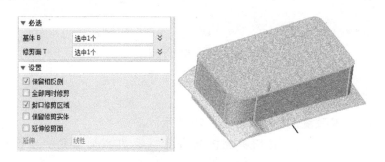

图 3-25　修剪实体

　　说明：参数中的修剪方向与修剪面的方向有关系，如果方向与所需要的相反，只需勾选"保留相反侧"即可。

12）创建草图 4。选择"造型"选项卡的"基础造型→插入草图"命令，在 XY 平面上创建草图 4，草图轮廓及标注如图 3-26 所示，图形关于 Y 坐标轴对称。

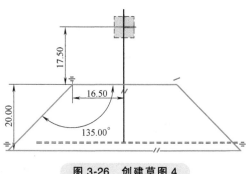

图 3-26　创建草图 4

13）添加圆角。为实体的顶部侧边添加圆角，选择"造型"选项卡的"工程特征→圆角"命令，圆角半径为 3mm，参数设置及结果如图 3-27 所示。

14）切除拉伸。使用草图 4 进行切除拉伸，"起始点 S"为"11.5"，"结束点 E"为"29"，"拔模角度"为"10"，参数设置及结果如图 3-28 所示。

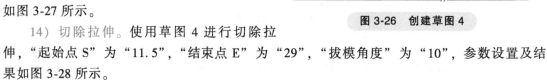

图 3-27　添加圆角

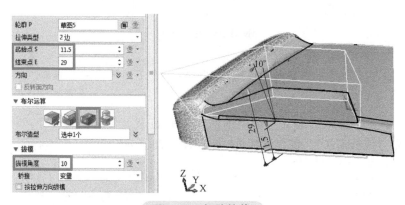

图 3-28　切除拉伸

💡 注意：拔模角度的设置方向。

15）添加圆角　参数设置及结果如图 3-29 所示。

16）添加上、下边圆角。对切除完的实体上、下边添加圆角，参数设置及结果如图 3-30、图 3-31 所示。

17）创建草图 5。选择"造型"选项卡的"基础造型→插入草图"命令，草绘平面为"XY"，如图 3-32 所示。

18）抽壳。选择"造型"选项卡的"基础造型→抽壳"命令，"开放面 O"选择底平面，"厚度 T"为"-1"，参数设置及结果如图 3-33 所示。

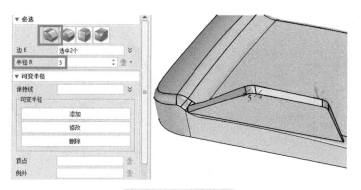

图 3-29　添加圆角

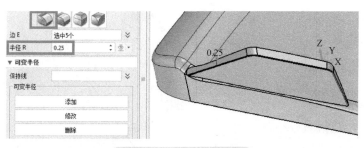

图 3-30　添加上边圆角

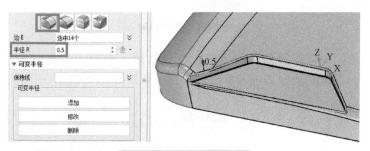

图 3-31　添加下边圆角

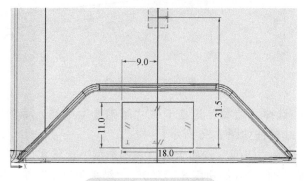

图 3-32　创建草图 5

19）拉伸切除。使用草图 5 对模型进行拉伸切除，选择"造型"选项卡的"基础造型→拉伸"命令，拉伸长度为贯穿整个模型即可，参数设置及结果如图 3-34 所示。

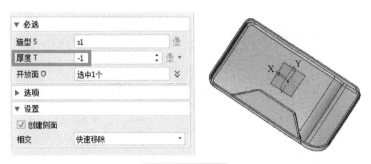

图 3-33　抽壳

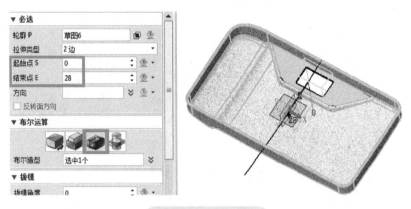

图 3-34　拉伸切除

20）添加圆角。对切除得到的侧边进行圆角处理，选择"造型"选项卡的"工程特征→圆角"命令，圆角半径为 2mm，参数设置及结果如图 3-35 所示。

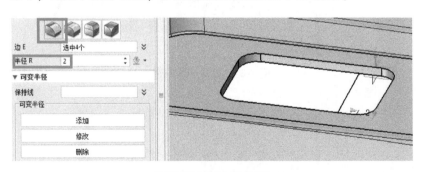

图 3-35　添加圆角

21）创建草图 6。选择"造型"选项卡的"基础造型→插入草图"命令，草绘平面为"XZ"，草图轮廓和尺寸标注如图 3-36 所示。

22）旋转实体。选择"造型"选项卡的"基础造型→旋转实体"命令，"轮廓 P"选择草图 6，"轴 A"选择 Z 轴，"起始角度 S"为 0°，"结束角度 E"为 360°，布尔运算为"基体"，参数设置及结果如图 3-37 所示。

23）创建拔模。选择"造型"选项卡的"工程特征→拔模"命令，"角度 A"为 -30°，参考平面选择 XY 平面，"方向 P"选择 Z 轴负方向，如图 3-38 所示。

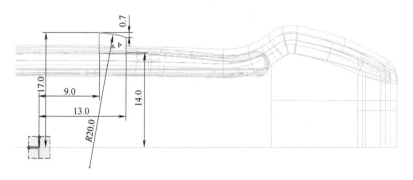

图 3-36　创建草图 6

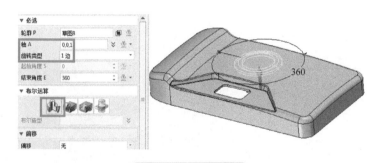

图 3-37　旋转实体

24）组合实体。选择"造型"选项卡的"编辑模型→组合"命令，布尔运算为"加运算"，合并两个造型，结果如图 3-39 所示。

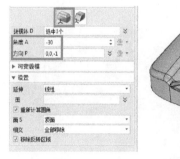

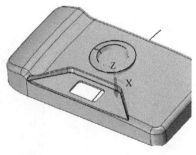

图 3-38　创建拔模

图 3-39　组合实体

25）切除拉伸。选择旋转基体的底边为轮廓，对模型进行拉伸切除，拉伸长度满足完全贯穿实体即可，如图 3-40 所示。

26）添加圆角。圆角设置及结果如图 3-41 所示。

27）创建曲线列表。在图形窗口单击右键，选择"插入曲线列表"，选择图示位置的轮廓线创建曲线列表，如图 3-42 所示。

28）切除唇边。选择"造型"选项卡的"拉伸→切除"命令，"轮廓 P"选择曲线列表 3，"起始点 S"为"0"，"结束点 E"为"0.5"，"偏移"选项选择"均匀加厚"，"偏距"

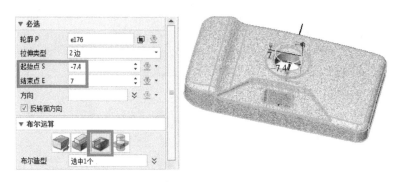

图 3-40 切除拉伸

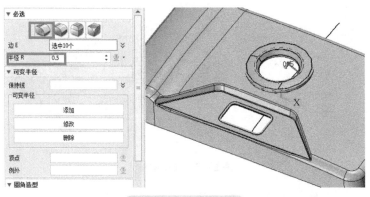

图 3-41 添加圆角

为"0.5",参数设置及结果如图 3-43 所示。

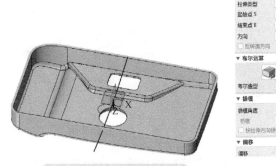

图 3-42 创建曲线列表

图 3-43 切除唇边

学习小结

对于相机壳的三维设计过程,重点是实体造型与曲面造型功能的相互交叉使用,在掌握实体造型的拉伸、切除、倒角、旋转、拔模功能后,学习曲面缝合及曲面延伸功能,及掌握实体椭圆角的使用方法。

任务3　设计汤匙

任务目标

1. 知识目标

(1) 掌握曲面建模的方法及建模技巧。

(2) 掌握U/V曲面、修剪平面、FEM面的基础面使用方法。

(3) 掌握线框选项卡中桥接、通过点绘制曲线、投影等命令辅助创建实体框架结构。

(4) 掌握产品设计中辅助线在建模中的作用。

2. 能力目标

(1) 能使用U/V曲面、修剪平面、FEM面的基础面功能。

(2) 能使用线框选项卡中桥接、通过点绘制曲线、投影等命令辅助创建实体框架结构。

3. 素质目标

(1) 培养学生严谨细致的工作作风。

(2) 该任务实例难度最大，培养了学生分析与解决问题的能力。

(3) 培养学生精益求精精神。

任务描述

完成图3-44中汤匙的设计。

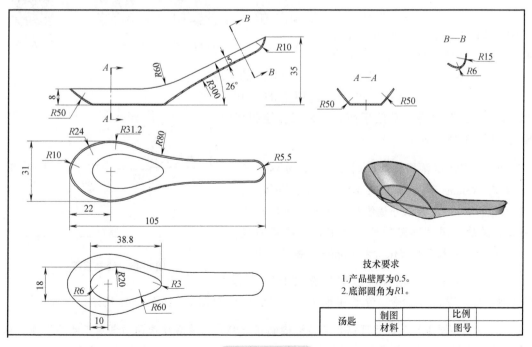

图3-44　汤匙

任务分析

　　汤匙建模思路较明确，过程也较简单。要完成具有一定壁厚的汤匙实体产品，只要能够完成它的面体零件，再经过抽壳即可达到设计的目的，所以问题的关键就是设计它的面体结构。面体的创建方法有很多，可使用放样、扫掠、U/V曲面等功能，但都需要一个合理的线框结构，对于本任务的汤匙而言，先建立一个空间线架再用U/V曲面工具较合理，这样解决问题的关键就变成了创建合适的线框结构。汤匙的底面是一个平面，与侧面间存在尖角，不利于曲面的构成，因此，根据图样建立4个视图方向的草图后，可以进一步利用线框工具将汤匙底部做光顺处理，这是汤匙设计的关键。汤匙的设计简化流程图如图3-45所示。

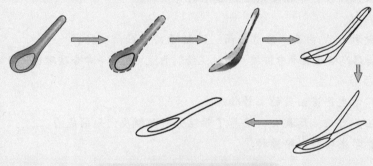

图3-45　汤匙的设计简化流程图

任务实施

　　1）新建零件。双击桌面"中望3D 2021教育版"快捷方式，新建一个零件文件，命名为"汤匙的设计"并保存，注意保存位置，保存类型为默认的＊.Z3。

汤匙的设计1　　汤匙的设计2　　汤匙的设计3　　汤匙的设计4

　　2）绘制草图1。选择"造型"选项卡的"基础造型→草图"命令，草绘平面为"XY"，绘制草图1，如图3-46所示。

　　💡 **注意**：在草图1的绘制过程中，可以暂时不考虑R3mm和R6mm这2个圆弧，等完成R20mm和R60mm圆弧并镜像后，进行适当的尺寸标注，最后使用"草图"选项卡下的"编辑曲线→圆角"命令来完成R3mm和R6mm圆弧的绘制。

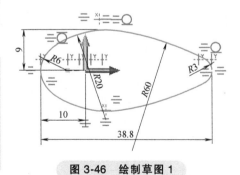

图3-46　绘制草图1

　　3）绘制草图2。选择"造型"选项卡的"基础造型→插入草图"命令，草绘平面为"XY"，绘制草图2，如图3-47所示。

　　说明：草图1和草图2可以合二为一绘制在一起，因为后续曲面的创建不是用草图，而是使用"曲线列表"，但考虑曲线投射后视觉上的美观与简洁，这里将它分为2个草图。

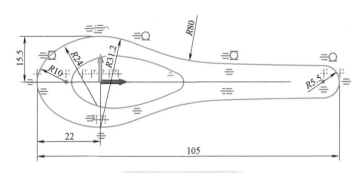

图 3-47　绘制草图 2

4）绘制草图 3。选择"造型"选项卡的"基础造型→插入草图"命令，草绘平面为"XZ"，绘制草图 3，如图 3-48 所示。

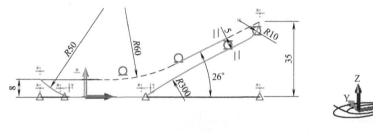

图 3-48　绘制草图 3

说明：草图中的虚线部分可以不必绘制。

5）绘制草图 4。这个草图比较简单，只要一个尺寸约束，其他采用几何约束。选择"造型"选项卡的"基础造型→插入草图"命令，草绘平面为"XZ"绘制草图 4，如图 3-49 所示。

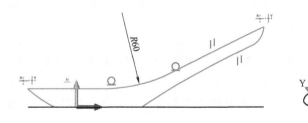

图 3-49　绘制草图 4

说明：草图 3 和草图 4 也可以合二为一绘制在一起，但在建立投影曲面后，为了不再出现草图 4，使视觉上的美观与简洁，这里同样将它分为 2 个草图。

6）拉伸投影曲面。在"造型"选项卡下选择"基础造型→拉伸"命令，选择草图 4 进行拉伸，拉伸时使用默认的"不保留轮廓"，拉伸时草图 4 两边的宽度都必须大于 15.5mm，具体的参数设置如图 3-50 所示。

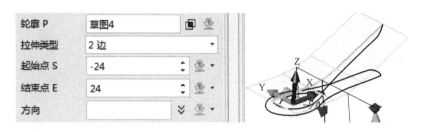

图 3-50 拉伸投影曲面

💡 **注意:** 该曲面只是用于将草图 2 投射到其上创建 3D 的空间曲线,除此之外并无其他用途,而该拉伸曲面已能满足这种功能,因此无需对曲面进行延伸操作。

7)投影草图 2。在"线框"选项卡下选择"曲线→投影到面"命令,"曲线"选取草图 2,"面"为刚刚创建的拉伸曲面,"方向"选择 Z 轴正方向,也可输入"0,0,1",不用勾选"保留原曲线",如图 3-51 所示。

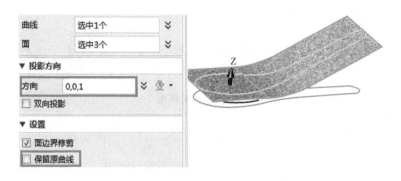

图 3-51 投影草图 2

💡 **注意:** 投影完成后,该投影面就不再使用,应该将它隐藏。本步骤应该选择绘图区上的 Z 轴正方向作为投射方向。

说明:"投影曲线到面"命令,是将曲线或草图投射在面或基准面上,默认情况下,曲线垂直于面或平面投影,使用方向选项可以选择一个不同的投射方向。该命令也可以选择限制曲线投射至面的修剪边界上,如果创建了多条曲线,该命令会将它们变成一个单独的特征。

在必选输入选项中:

① "曲线":可以选择一个草图、曲线或单击鼠标中键插入草图。

② "面":可以选择曲线投影的面或基准平面。

在可选输入选项中:

① "方向":在默认情况下,投射方向垂直于表面,使用此选项定义一个不同的投射方向。

② "面边界修剪":使用此选项仅投射至面的修剪边界,如果投射在一个修剪面上不选

此框，则将产生一条延伸至整个面的未修剪边界的曲线。

③ "双向投影"：是将曲线投射在所选方向的正向和负向两个方向。

④ "保留原曲线"：如果不勾选此项，将删除输入曲线，一旦该选项勾选或取消勾选，它在后续的使用中将保持该状态，直到再次改变它为止，它仅影响曲线，不影响边或草图。

8）绘制草图 5。选择"造型"选项卡下的"基础造型→插入草图"命令，草绘平面为"YZ"，绘制草图 5，如图 3-52 所示。

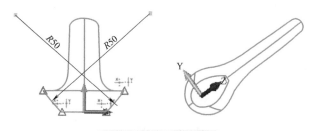

图 3-52　绘制草图 5

9）创建基准面。选择"造型"选项卡下的"基准面→基准面"命令，选择草图 3 上短直线的中心，必选项为"平面"，页面方向为"对齐到几何坐标的 XY 面"，偏移设为 0，光标在模型上移动时，系统会自动捕捉到直线段的中点放置基准平面，如图 3-53 所示。

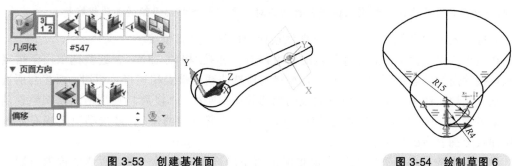

图 3-53　创建基准面　　　　　　　　　　　图 3-54　绘制草图 6

10）绘制草图 6。选择"造型"选项卡下的"基础造型→插入草图"命令，草绘平面为刚刚创建的"平面 1"，绘制草图 6，如图 3-54 所示。完成草图绘制后，隐藏基准平面。

💡 注意：在选取参考点时必选"曲线相交"，"曲线"选取基准平面附近的 3 条曲线，这样就可以在草绘平面上添加 3 个参考点，如图 3-55 所示。

图 3-55　添加参考点

说明：至此，图样所要求的线框结构全部构建完整，但此三维线框不足已建立合格的曲面，还必须添加相应的辅助线。

11）桥接曲线。在"线框"选项卡下选择"曲线→桥接"命令，"曲线"选取 $R50$mm 和 $R300$mm 的两圆弧，"权重"调整为"-0.30"，其他参数为默认设置，如图 3-56 所示。

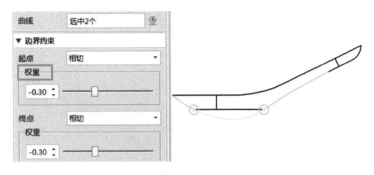

图 3-56　桥接曲线

💡 注意：这里的权重"-0.30"仅作为参考，目的是让后面的 3 点曲线更光顺一些。

说明："桥接"命令用于在曲线、直线、圆弧或面边线之间创建一个桥接，可选输入包括相切和曲率匹配、修剪方法、保留侧和曲率权重。它可以对一条单一连续的曲线进行桥接，通过此命令用户可两次选择相同的曲线，也允许对一个闭合非相切连续的曲线进行桥接。

必选输入中"曲线"指选择两条曲线或面边的终点进行桥接。

在边界约束条件中，起点和终点的约束都有"相接/相切/曲率"，这些选项用于指定拟合和桥接的曲线的连续性方法。相接：桥接与所选曲线的端点相连接；相切：桥接与所选曲线的端点相切；曲率：桥接与所选曲线的相切并曲率匹配。"权重"使用滑动条调整权重因子，或者输入一个-1.0~1.0之间的值，如果边界约束为"曲率"，此选项决定现有曲线在桥接曲线上拥有多少权重。

设置框中的"保留侧"用于指定将保留两条所选曲线的哪一端，所选的选项将影响桥接的结果，其内容包括两者长边、第一个短边、第二个短边、两者短边。

① 两者长边：保留两条曲线的较长部分，因为断开点是由曲线参数决定的，该选项将正确执行，除非所选点接近中心曲线，并且曲线不是均匀的。

② 第一个短边：保留第一条曲线的较短部分，默认情况下保留第二条曲线的较长部分。

③ 第二个短边：保留第二条曲线的较短部分与第一条曲线的较长部分。

④ 两者短边：保留两条曲线的较短部分。

12）创建曲线。在"线框"选项卡下选择"曲线→通过点绘制曲线"命令，"点"选取 $R50$mm 圆弧端点、桥接线上的点、$R50$mm 圆弧的另一个点，"权重"调整为 0.1，其他参数为默认设置，如图 3-57 所示。

说明："通过点创建曲线"命令是通过定义一系列曲线将要通过的点创建一条曲线，只有点是必需的。也可以选择指定起点和终点切向、权重、光顺、曲线阶数以及选择开放或闭合曲线。

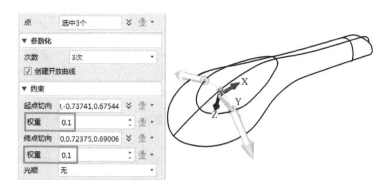

图 3-57　创建曲线

在参数化中的"次数"用于指定所得曲线的阶数，通过引用方程式的阶数来定义曲线，较低阶数的曲线精确度较低，需要较少的存储空间和计算时间，较高阶数的曲线精确度较高，需要较多的存储空间和计算时间，一般选择 2~6 阶。

在约束框下有起点切向、权重、终点切向、光顺等。现介绍如下。

① 起点切向：指定曲线起点的切线方向，可选择一条线性边线定义该方向，或者单击鼠标右键打开更多的输入选项。

② 权重：如果指定了一个起点切线方向，使用此选项输入起点切线的权重，它关系到起点切向量对曲线有多大影响，在所有的情况下，在曲线两端将有一个给定的切向量。

③ 终点切向：指定曲线终点的切线方向，输入选项类似于上文的起点切向。

④ 光顺：此选项用于选择光顺技术，曲线光顺是指编辑形状、删除曲线上不需要的瑕疵部分的过程。光顺类型有：

"无"：不进行光顺；

"能量"：该曲线以最小能量创建，这将产生一个压力较小且缓慢、光顺的曲线；

"变量"：该曲线用较小变化曲率创建，如直线和圆弧；

"抬升"：最小化曲率偏差，创建一个总体起伏较小的曲线；

"弯曲"：一种能量法的近似方法，只需使用较少的计算时间；

"拉伸"：使用与能量法相同的技术，并结合需要，产生曲线总长度最短的曲线。这些可以通过使用曲线的绘制曲率图命令图形化显示，并比较这些曲线光顺方法的结果。

在设置框中可以选择"对齐平面""投影到平面""点在对齐平面上"。"对齐平面"：通过点绘制曲线（3D），选择曲线要平行或投影的平面。"投影到平面"：通过点绘制曲线（3D），当激活"对齐平面"选项时，此选项可见，若勾选此项，曲线将会投射到所选平面上；若不勾选，曲线将位于第一点所在的平面且平行于所选的对齐平面。"点在对齐平面上"：通过点绘制曲线（3D），当激活"对齐平面"选项时，此选项可选，勾选该选项后，绘制的点都在选中的对齐平面上。

13）插入曲线列表。在绘图区空白处单击右键选择"插入曲线列表"命令，选取 R10mm 的 2 段圆弧为曲线列表 1，如图 3-58 所示。同样再添加曲线列表 2、曲线列表 3，如图 3-59、图 3-60 所示。

曲线列表的
创建

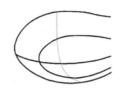

图 3-58　曲线列表 1　　　　　图 3-59　曲线列表 2　　　　　图 3-60　曲线列表 3

💡 注意：草图 6 不必作为曲线列表，请思考为什么？这里插入曲线列表仅仅是为了方便选择 U 线或 V 线，并非一定要插入曲线列表，如果没有插入曲线列表，在使用"U/V 曲面"命令时，可以通过过滤"曲线"的方式逐段选择草图上的曲线来完成。同理在另一个方向也插入 3 个曲线列表，如图 3-61~图 3-63 所示。

图 3-61　曲线列表 4　　　　　图 3-62　曲线列表 5　　　　　图 3-63　曲线列表 6

14）创建 U/V 曲面。选择"曲面"选项卡下的"基础面→U/V 曲面"命令，"U 曲线"选择曲线列表 1、曲线列表 2、草图 6、曲线列表 3、"V 曲线"选择曲线列表 4、曲线列表 5、曲线列表 6，其他参数按默认选项设置，如图 3-64 所示。

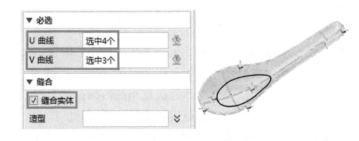

图 3-64　创建 U/V 曲面

💡 注意：草图 6 如果无法选取，应检查过滤器是否为"草图"。

说明："U/V 曲面"命令是通过桥接所有的 U 线和 V 线组成的网格，创建一个面，该曲线可以为草图、线框曲线、曲线列表或面边线，这些曲线必须相交，但它们的终点可以不相交，当选择曲线时，选取靠近曲线结束端的点，表示方向相同。

可选输入框中有缝合实体与造型。若勾选"缝合实体"，则自动缝合实体；"造型"是仅当"缝合实体"选项勾选时，该字段可见，用于选择要缝合的造型，若为空，则默认对所有的造型进行缝合。

在边界约束中"连续方式"可以强迫边界边线与连接的边和面相切或连续，通过选择无、相切或曲率来实现。

"添加相切"选项：是将连续性标签添加至一个或两个面的边上，标明边的连续性。操作中需选择要标记的边，如果该边由两个面共享，选择要标记的面，如果单击中键，两个面都标记。在选择连续性选项中，位置：用于指定仅保留边的位置；相切：用于强制指定边的位置和相切（在边上）；曲率：用于强制指定边的位置、切线（在边上）和曲率（跨过面）。指定连续量大小从-1.0~+1.0，它决定了面受强制相切影响的量值，如在面回到它的正常曲率前有多长。

"删除相切"选项：用于删除由上文添加相切选项创建的连续性标签。

在设置框中"公差"是为拟合曲线指定公差。若勾选"延伸到交点"，当所有曲线在一个方向相交于一点时，曲面会延伸到相交点而不是终止在最后一条相交曲线。若勾选"保留曲线"，则保留必选输入选择的 U/V 曲线，否则该曲线将删除。

15）修剪 U/V 曲面。选择"曲面"选项卡下的"编辑面→修剪曲面"命令，"面"选择刚刚创建的 U/V 曲面，"修剪体"选择 XY 基准面，并注意修剪时的保留侧，如图 3-65 所示。

图 3-65　修剪 U/V 曲面

16）修剪平面。选择"曲面"选项卡下的"基础面→修剪平面"命令，"曲线"选择刚刚修剪的 U/V 曲面的连线。勾选"缝合实体"，如图 3-66 所示。

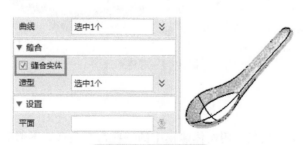

图 3-66　修剪平面

17）创建 FEM 面。选择"曲面"选项卡下的"基础面→FEM 面"命令，"边界"选择 U/V 曲面的开放边，本例选择的 4 条连线相当于曲线列表 1、曲线列表 3、曲线列表 4、曲线列表 6，其他参数按默认选项设置，如图 3-67 所示。

💡 注意：该曲面也可以用"U/V 曲面"命令来完成，但效果不如"FEM 面"命令好，还可以用先前拉伸的投影面经过修剪而成。

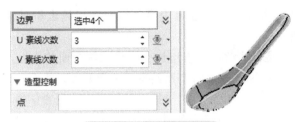

图 3-67　创建 FEM 面

思考：为什么要创建这个曲面？不创建该曲面就进行"抽壳"行不行？

说明："FEM 面"命令用于穿过边界曲线上点的集合，拟合一个单一的面，它与"N
边形面"命令类似，但并不是先将面片细分为四边 NURBS 面，而是用一个曲面直接拟合
通过边界曲线上点的集合，然后沿着边界修剪；当创建四边面片有问题时，该方法可以产
生较好的结果，N 边形面不处理拟合沿包含凹曲线的界面边线集合的面。

18）实体圆角。选择"造型"选项卡下的"工程特征→圆角"命令，"边 E"选取汤匙
底部边线，"半径 R"为 1mm，如图 3-68 所示。

图 3-68　实体圆角

19）实体抽壳。选择"造型"选项卡下的"编辑模型→抽壳"命令，"厚度 T"为
-0.5mm，其他设置如图 3-69 所示。

图 3-69　实体抽壳

学习小结

对于较复杂的模型，仅仅使用实体建模中的一些命令是远远不够的，在汤匙建模中同样
综合应用了实体与曲面的混合建模方式。对于汤匙的设计而言，它是将实体分解为曲面，再
将曲面分解为线框，因此建模的大部分工作都在进行线框结构的搭建，有了线框就很容易创
建曲面，有了曲面就容易转为实体。汤匙建模中曲线、曲面主要功能见表 3-1。

表 3-1　汤匙建模中曲线、曲面主要功能

基础面	编辑面	曲线
U/V 面、修剪平面、FEM 面	曲面修剪	投射到面、桥接、通过点绘制曲线

任务4　设计拉手

任务目标

1. 知识目标

（1）会基于中望3D软件分析零件的绘图工艺。

（2）重点掌握U/V曲面造型及桥接面功能。

（3）掌握曲面造型案例的建模流程。

2. 能力目标

能掌握U/V曲面造型及桥接面功能。

3. 素质目标

在产品造型过程中，培养学生解决问题的能力和团队合作精神。

任务描述

完成图3-70中拉手的设计。

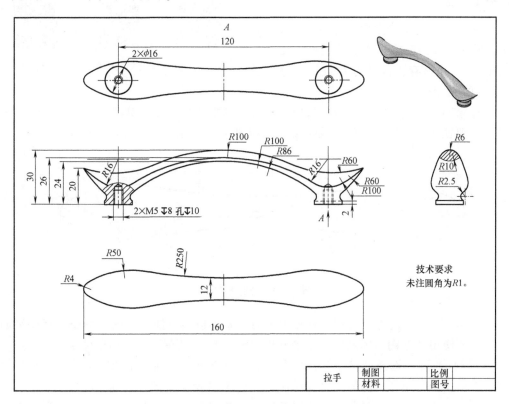

图 3-70　拉手

任务分析

　　拉手的设计是一个经典的曲面建模案例，思路比较明确，过程也相对简单。要完成各面具有曲面形状的实体产品，只要能够完成主要面的曲面造型，再经过曲面缝合、设计螺纹孔即可达到设计的目的，所以关键就是设计它的曲面结构。本任务主要使用曲面功能中的 U/V 曲面等来建立拉手的上下底面，并用桥接曲面功能来生成拉手连接柄。拉手的设计简化流程图如图 3-71 所示。

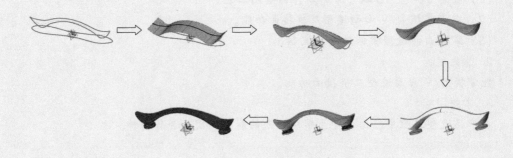

图 3-71　拉手的设计简化流程图

任务实施

　　1）新建零件。双击桌面"中望 3D 2021 教育版"快捷方式，新建一个零件文件，命名为"拉手设计"并保存，注意保存位置，保存类型为默认的 ＊.Z3。

拉手设计1

拉手设计2

拉手设计3

　　2）绘制草图 1。选择"造型"选项卡下的"基础造型→插入草图"命令，草绘平面为"XY"，主要使用"草图→圆弧"命令绘制出如图 3-72 所示草图，并标注尺寸。

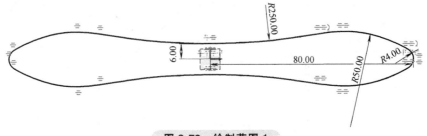

图 3-72　绘制草图 1

　　3）绘制草图 2。选择"造型"选项卡下的"基础造型→插入草图"命令，草绘平面为"XZ"，主要使用"草图→圆弧"命令绘制出如图 3-73 所示草图，并标注尺寸。

　　4）绘制草图 3。选择"造型"选项卡下的"基础造型→插入草图"命令，草绘平面为"XZ"，主要使用"草图→圆弧"命令绘制出如图 3-74 所示草图，并标注尺寸。

　　5）绘制草图 4。选择"造型"选项卡下的"基础造型→插入草图"命令，草绘平面为"XZ"，主要使用"草图→圆弧"命令绘制出如图 3-75 所示草图，并标注尺寸。

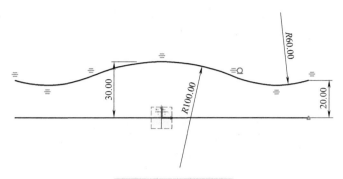

图 3-73　绘制草图 2

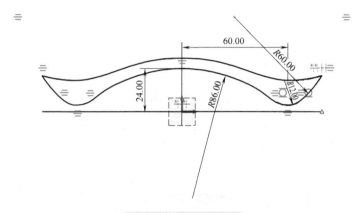

图 3-74　绘制草图 3

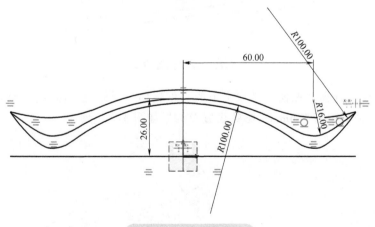

图 3-75　绘制草图 4

说明：本任务在绘制草图过程中有不同的方式，说明如下。

① 可以分成 XY 平面投影和 XZ 平面投影两个方向来绘制草图，后面用曲线列表做出所对应的 U/V 曲线。

② 本例将各个要做成曲线列表的 U/V 曲线均采用草图来创建，这样可以减少对后续曲线的操作，方便 U/V 曲线的生成。

6）拉伸。选择"造型"选项卡下的"基础造型→拉伸"命令，选取草图 2mm 为拉伸轮廓线，两边各拉伸 20mm，参数设置及结果如图 3-76 所示。

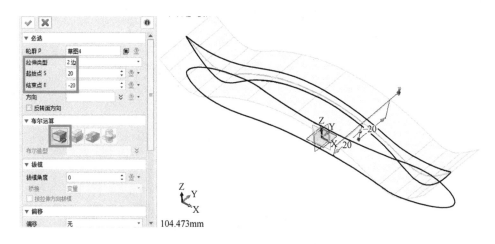

图 3-76　拉伸

7）反转曲面方向。选择"曲面"选项卡下的"编辑面→反转曲面方向"命令，选取拉伸的曲面进行曲面反转，结果如图 3-77 所示。

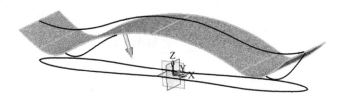

图 3-77　反转曲面方向

8）曲面延伸。选择"曲面"选项卡下的"编辑面→延伸面"命令，分别对曲面两边的面进行延伸，延伸的距离为 5mm，参数设置及结果如图 3-78 所示。

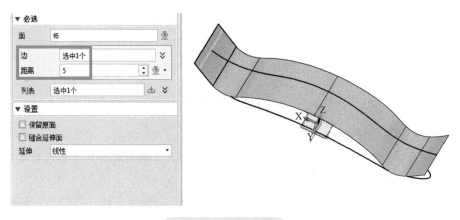

图 3-78　曲面延伸

说明：对曲面延伸的目的是为了曲线投射时能够完整地把曲线投射到曲面上。

9）曲线投射。在"线框"选项卡下选择"曲线→投影到面"命令，选择草图1为投射的原始曲线，投影面选择经过延伸后的拉伸曲面，投射方向选择 Z 轴，参数设置及结果如图 3-79 所示。

10）创建中间横向截面的上下草图。选择"造型"选项卡下的"基础造型→插入草图"命令，草绘平面为"YZ"，绘制出如图 3-80 和图 3-81 所示草图并标注尺寸。

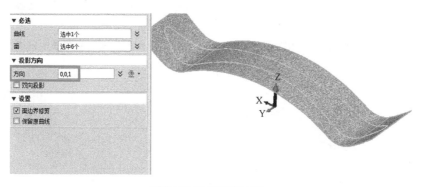

图 3-79　曲线投射

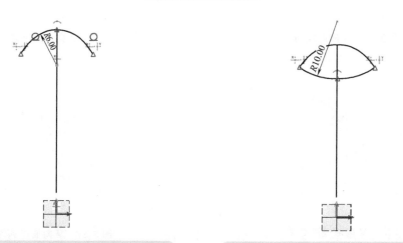

图 3-80　创建两处中间横向截面的上草图　　　　图 3-81　创建两处中间横向截面的下草图

注意：中间横向截面的上草图所使用的三个交点均是中心平面与轮廓线交点，R6mm 圆弧并不是一个整体的圆弧，而是两边一小段直线与 R6mm 圆弧相切。

11）创建用于 U/V 曲面的曲线列表。选择"线框"选项卡下的"曲线→曲线列表"命令，依次做出 U 向和 V 向各 3 条曲线列表。

12）生成 U/V 曲面。选择"曲面"选项卡下的"基础面→U/V 面"命令，依次选择 U 向（图 3-82～图 3-84）和 V 向（图 3-85～图 3-87）的各 3 条曲线列表用来生成拉手上表面，参数设置及结果如图 3-88 所示。

注意：在 U/V 曲面生成过程中，要将同一个方向的轮廓曲线按顺序一起选择，至于先 U 向还是先 V 向没有特别要求。

图 3-82　U 向曲线列表 1

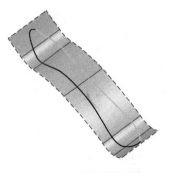

图 3-83　U 向曲线列表 2

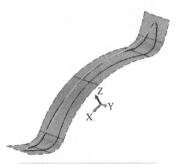

图 3-84　U 向曲线列表 3

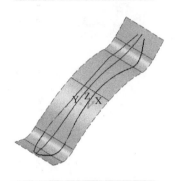

图 3-85　V 向曲线列表 1

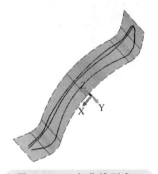

图 3-86　V 向曲线列表 2

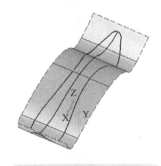

图 3-87　V 向曲线列表 3

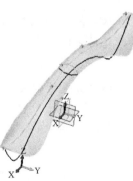

图 3-88　生成 U/V 曲面

13）反转曲面如图 3-89 所示。

14）创建曲线列表如图 3-90 所示。

图 3-89　反转曲面

图 3-90　创建曲线列表

15）生成 U/V 曲面。选择"曲面"选项卡下的"基础面→U/V 面"命令，选择底部曲面 U 向和 V 向各三条曲线列表，生成拉手底部的 U/V 曲面，参数设置及结果如图 3-91 所示。

16）创建草图。选择"造型"选项卡下的"基础造型→插入草图"命令，草绘平面为"XY"，如图 3-92 所示。

17）拉伸特征。选择"造型"选项卡下的"基础造型→拉伸"命令，选择图 3-92 所创建的草图，拉伸出下面的两个凸台，参数设置及结果如图 3-93 所示。

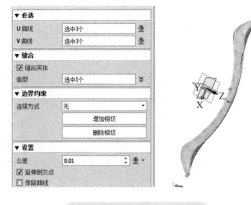

图 3-91　生成 U/V 曲面

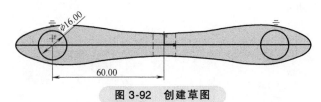

图 3-92　创建草图

18）桥接面。选择"曲面"选项卡下的"基础曲面→桥接面"命令，选择"半径桥接"，选取凸台上面的轮廓为桥接面的一边，选取拉手下面的曲面为桥接面的另一边，半径设为 2.5mm，详细参数设置及结果如图 3-94 所示。

💡 注意：在选择拉手下表面的桥接面时，应注意选择的位置。

说明：使用桥接面命令可创建智能圆角面。必需的输入包括新面起始的、要到达的和要通过的曲线、边或面，可选输入包括作为脊线控制曲线、面或基准面，圆弧和二次曲线截面，缝合和封口。尝试各类不同输入类型与选项，以观察产生不同的面效果。

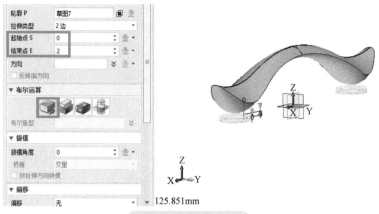

图 3-93 拉伸特征

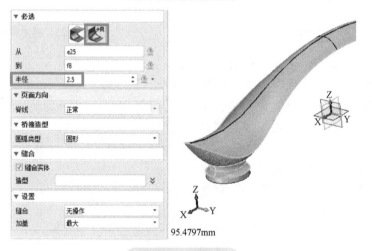

图 3-94 桥接面

19）镜像。在"基础编辑"选项卡下选择"镜像"命令，设置为"复制"，YZ 平面为镜像中心，如图 3-95 所示。

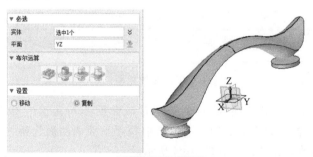

图 3-95 镜像

20）创建孔。选择"造型"选项卡下的"孔"命令，"孔类型"选择"简单孔"，位置选择面的中心，具体参数设置及结果如图 3-96 所示。

21）镜像螺孔。在"基础编辑"选项卡下选择"镜像"命令，设置为"复制"，YZ 平面为镜像中心，如图 3-97 所示。

22）添加圆角。选择"造型"选项卡下的"工程特征→圆角"功能，在拉手的边缘添加圆角特征，圆角半径为1mm，结果如图3-98所示。

23）添加纹理。选择"视觉样式"选项卡下的"纹理→木质"命令，参数设置及结果如图3-99所示。

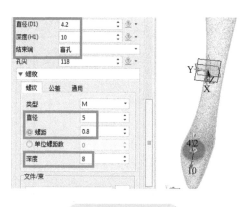

图 3-96　创建孔

图 3-97　镜像螺孔

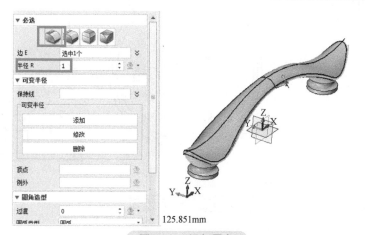

图 3-98　添加圆角

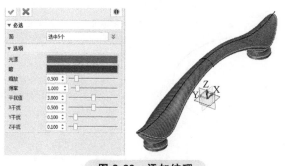

图 3-99　添加纹理

学习小结

对于较典型产品的曲面建模，最主要是理解其建模的思路，并会通过主要的曲面功能进行造型，可以看出在该案例中大量使用 U/V 曲面功能，并结合一些实体建模的功能，最终创建成所需要的实体。桥接面的使用也是一个亮点，有别于其他的三维造型软件。

练习题

3-1 完成图 3-100 所示防盗锁底盖的设计。

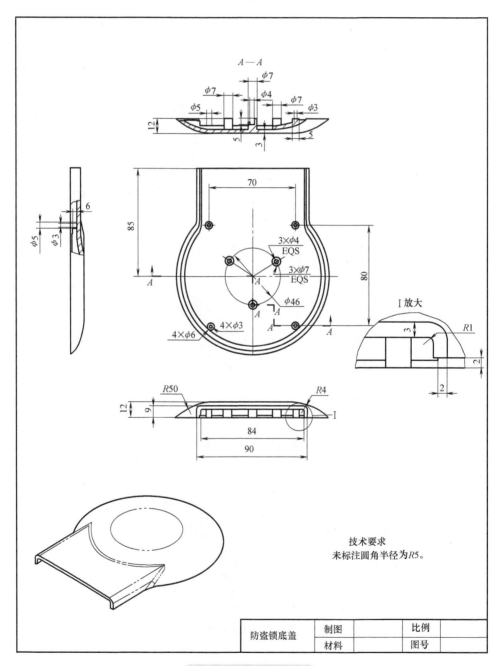

图 3-100 练习题 3-1

3-2 完成图 3-101 所示 3D 产品设计。

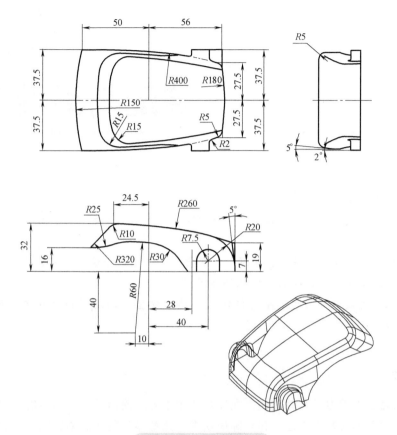

图 3-101   练习题 3-2

项目4

装配与装配动画

教学设计

前面在项目2中学习了实体建模，在项目3中学习了曲面建模，实体建模和曲面建模是创建三维零件模型的最基本方法，在实际应用中，这些零件往往需要装配在一起才能进行工作。在中望3D软件的装配模块中，可以轻松、方便地将已经创建好的三维零件模型，通过确定零件间一定的相互位置关系，将它们约束在一起即可完成装配任务，实现产品的功能。在完成装配之后，可以利用中望3D软件的干涉检查功能检查之前零件设计的合理性，还可以通过装配体的运动仿真检查产品的功能是否达到设计要求，这样就可以及时发现在设计阶段所存在的问题，缩短产品的开发周期。另外，通过中望3D软件提供的爆炸视图显示所有零件之间的相互位置关系，使整个设计过程非常直观。

本项目内容设计了2个模块：装配和装配动画。在装配部分主要介绍了吊扇的自底向上和自顶而下的设计方法；装配动画部分是先装配一个铰接夹，然后再生成动画，产生视频文件。主要目的是利用中望3D软件较强的装配功能来完善产品的设计，通过装配动画使所设计的产品功能更为直观、形象，易于交流。

任务1 自底向上法设计吊扇

任务目标

1. 知识目标

（1）复习巩固实体建模的一般方法、模型的编辑方法及建模特征的灵活应用。

（2）理解多对象管理文件的含义。

（3）掌握中望3D软件中装配零件的一般思路及方法。

（4）掌握装配过程中六个自由度的控制使用。

（5）掌握装配过程中的干涉检查和视图的炸开方法。

2. 能力目标

（1）能够根据建模要求灵活运用实体建模的一般方法、模型的编辑方法及建模特征。

（2）能够理解多对象管理文件的含义以及掌握零件装配的一般思路和方法。

（3）能够灵活约束装配中零件的六个自由度达到装配要求。

（4）能够完成装配过程中的干涉检查和爆炸视图的创建。

3. 素质目标

（1）通过对实体建模的一般方法、模型编辑等基础知识的复习与巩固，让学生理解温故而知新的重要性，同时能将此方法应用到其他相关学科的学习中。

（2）通过对装配过程中自由度的讲解，让学生理解约束的重要性，在平时也能够做到自我约束。

（3）通过在装配过程中干涉检查，培养学生做事认真、细心及检查的好习惯。

任务描述

完成图 4-1~图 4-4 中吊扇零部件的设计。

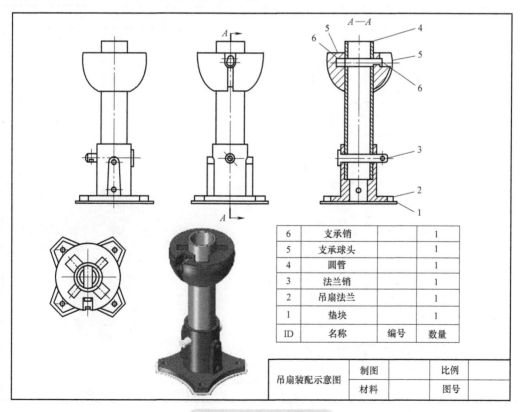

6	支承销		1
5	支承球头		1
4	圆管		1
3	法兰销		1
2	吊扇法兰		1
1	垫块		1
ID	名称	编号	数量

吊扇装配示意图	制图		比例	
	材料		图号	

图 4-1　吊扇装配示意图

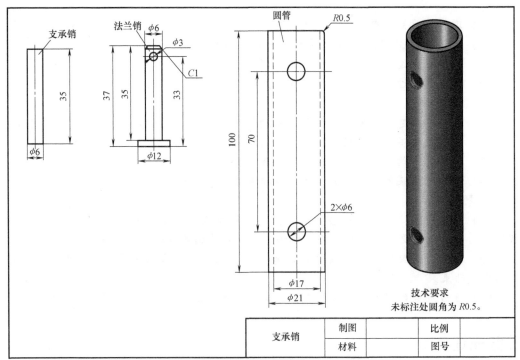

图 4-2 支承销

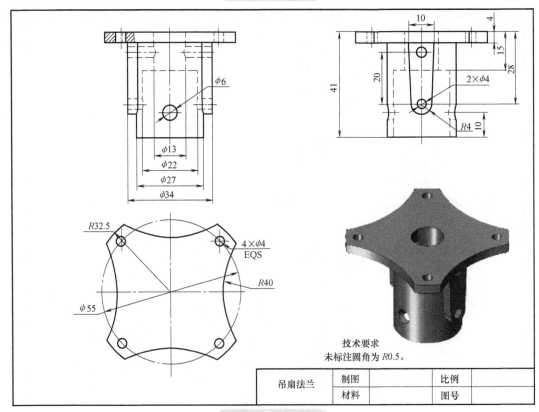

图 4-3 吊扇法兰

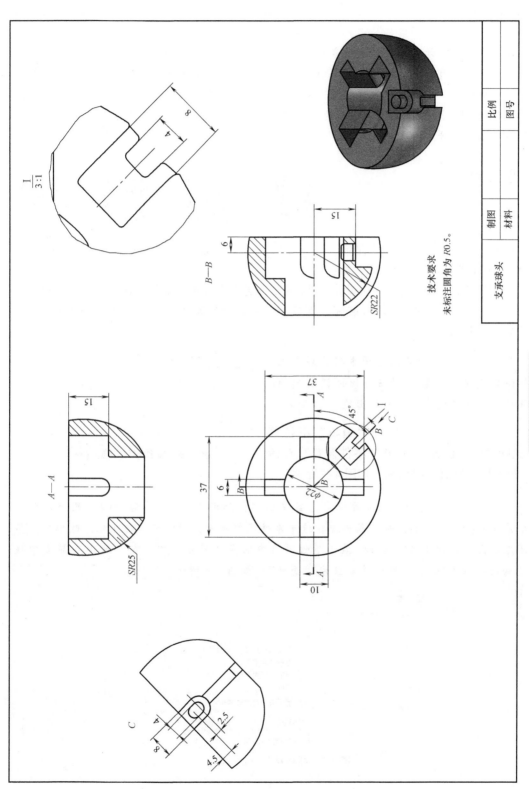

图 4-4　支承球头

技术要求
未标注圆角为 R0.5。

支承球头　制图　比例
材料　图号

任务分析

　　自底向上的设计是指设计者从零件级开始分析产品，然后向上设计到主组件，它要求设计者对主组件有基本的了解。从图样可以看出：吊扇共由支承销、法兰销、圆管、吊扇法兰、支承球头、垫块6个零件组成。按照自底向上的设计思想，在设计中首先要创建这6个零件，然后利用中望3D软件中的装配模块，将已经设计好的组件进行装配，最后完成整个吊扇的设计。

任务实施

一、创建支承销

　　1）新建多对象文件。双击桌面"中望3D 2021教育版"快捷方式，新

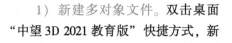

自底向上法设计吊扇1　　自底向上法设计吊扇2　　自底向上法设计吊扇3　　自底向上法设计吊扇4

建一个多对象文件，命名为"吊扇设计"并保存，注意保存位置，保存类型为默认的 *.Z3。

　　2）新建零件。选择"零件/装配"对象，并将其命名为"支承销.Z3"，此后将处于中望3D的零件层级。

> 💡注意：造型和其他选项卡将出现在图形屏幕的顶部，如果没有任何软件模块的有效许可证，那么该选项卡不会出现。

　　3）零件参数设置。打开"编辑"下拉菜单，选择"参数设置"，打开"零件设置"对话框，并确认单位已设定为mm，如图4-5所示。

图4-5　零件参数设置（一）

> 💡注意：如果单位采用其他设定，当要创建多个单位为mm的零件时，用户需要对整个系统进行大范围的修改。因为现在这个零件已经打开，所以可以在此处修改单位。另外还应单击"实用工具"菜单，在其下拉菜单中选择"配置..."，在"通用"界面中找到"缺省线性单位"，并修改其单位为"毫米"，如图4-6所示。

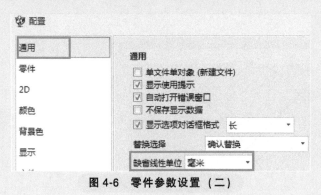

图4-6　零件参数设置（二）

　　4）创建圆柱体。在"造型"选项卡的"基础造型"中选取"圆柱体"命令，创建圆

柱体，如图4-7所示。

图4-7 创建圆柱体

5）修改面属性。选取实体过滤器，并将其设定为"造型"，在模型上单击右键并从弹出的菜单中选择"面属性"，打开"面属性"对话框，将表面颜色修改为暗紫色，如图4-8所示。

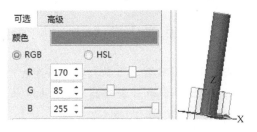

图4-8 修改面属性

说明：中望3D软件允许通过在一个实体上单击右键并选取属性命令来修改它的特性。对一个面而言，面属性对话框将会出现；对一个标注而言，标注属性对话框将会出现；对文本而言，文字属性对话框将会显示；对工程图中的图案填充而言，填充属性对话框将会出现。关键在于过滤器图标，过滤器能够决定可以提供选择的内容，并且通过右键快捷菜单与预先选定的项目直接关联。

6）保存并退出零件。

说明：此次退出圆柱体零件并不是关闭软件，而是通过单击DA工具栏的"退出"键退出零件层级。

二、创建法兰销

1）新建零件。选择"零件/装配"对象，并将其命名为"法兰销.Z3"，此后将处于中望3D软件的零件层级。

2）绘制草图1。选择"造型"选项卡下的"基础造型→插入草图"，草绘平面为"YZ"，选择"绘图"命令，绘制草图并标注尺寸，如图4-9所示。

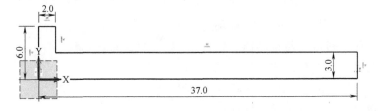

图4-9 绘制草图1

> **说明**：进入草绘环境后所有3D建模命令均关闭，这是因为这些命令在草图中不适用。

3）旋转实体。选择"造型"选项卡下的"基础造型→旋转"，"轮廓P"选择草图1，"轴A"选取Y轴或边长为37mm边线，如图4-10所示。

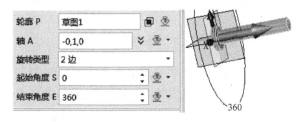

图4-10　旋转实体

> **说明**：当中望3D软件要求提供轴线时，可执行下述其中一个操作：从草图、边或3D直线上选择一条已有的直线；在图形界面右击弹出方向/轴线菜单；选取X、Y或Z轴；选取图形窗口左下角全局坐标系中的轴线。

对这个零件而言，旋转轴是Y轴。只需在图形窗口中单击右键，并从方向/轴线快捷菜单中选取Y轴。

4）绘制草图2。选择"造型"选项卡下的"基础造型→插入草图"，草绘平面为"XY"，选择"绘图→圆"工具，绘制草图并标注尺寸，如图4-11所示。

5）拉伸切除实体。选择"造型"选项卡下的"基础造型→拉伸"命令，"轮廓P"为草图2，"布尔运算"为减运算，"拉伸类型"为对称，"起始点S"默认为0，"结束点E"超过圆柱面的最高处即可，如图4-12所示。

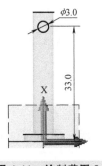

图4-11　绘制草图2

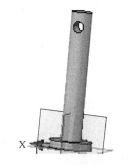

图4-12　拉伸切除实体

> **注意**：如果在草图中的零件为着色视图，可使用<Ctrl+F>键取消着色，以便选取草图。

6）实体倒斜角。使用"造型"选项卡下的"工程特征→斜角"特征功能，对法兰销的端部设置一个倒角，选取法兰销的小直径边，将"倒角距离S"设置为1mm，单击"确定"或单击中键，完成倒角特征，如图4-13所示。

图4-13　实体倒斜角

7）保存并退出零件。

三、创建圆管

1）新建零件。选择"零件/装配"对象，并将其命名为"圆管. Z3"，此后将处于中望3D 软件的零件层级。

2）绘制草图 3。选择"造型"选项卡下的"基础造型→插入草图"命令，单击中键两次进入草绘环境，此时草绘平面为"XY"，选择"绘图→圆"工具，绘制两同心圆草图并标注尺寸，如图 4-14 所示。

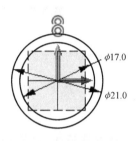

图 4-14　绘制草图 3

图 4-15　拉伸实体

3）拉伸实体。选择"造型"选项卡下的"基础造型→拉伸"，"轮廓 P"为草图 3，"拉伸类型"为 2 边，"起始点 S"为 0，"结束点 E"为"100"，如图 4-15 所示。

> 思考：再用 2 种方法创建该圆管。

4）绘制草图 4。选择"造型"选项卡下的"基础造型→插入草图"，草绘平面为"XZ"或"YZ"，选择"绘图→圆"工具，绘制草图并标注尺寸，如图 4-16 所示。

> 注意：可以通过将 DA 工具栏上的"显示目标开启"或"显示目标关闭"来绘制草图，图 4-16 所示是"显示目标开启"时的草图。

> 说明：本例圆管上有 2 个孔，可以在草绘时将 2 个孔的草图一起绘出，再通过拉伸切除特征即可，另一孔采用复制的方法来完成。

5）拉伸切除实体。选择"造型"选项卡下的"基础造型→拉伸"，"轮廓 P"为草图4，"布尔运算"为"减运算"，"拉伸类型"为对称，"起始点 S"为默认 0，"结束点 E"超过圆柱面的最高处即可，如图 4-17 所示。

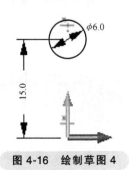

图 4-16　绘制草图 4

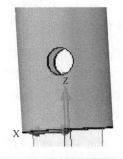

图 4-17　拉伸切除实体

注意：如果在草图中的零件为着色视图，可使用<Ctrl+F>键取消着色，以便选取草图。

6）镜像通孔。新建一个基准面，在图形界面右击在弹出菜单中选择"插入基准面"，在"选项"菜单中选取"XY"图标，根据提示指定偏移；右击在弹出菜单中选择"目标点"，根据提示选取；单击右键，并从"位置/捕捉"菜单选择"中间"，选取圆柱边线，会看到光标捕捉到边的中心，单击中键或选取确定结束，如图4-18所示。

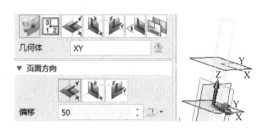

图4-18　新建基准面

注意：即使圆管的长度发生变化，该操作仍将确保基准面始终居中。

说明：如果想指定圆管总高度的百分比，则可右击弹出"位置/捕捉"菜单，在其上使用"沿着"选项。

选择"造型"选项卡下的"基础编辑→镜像"，"实体"选取孔特征，"平面"为刚创建的基准平面，如图4-19所示。

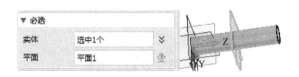

图4-19　镜像通孔

注意：可以通过"过滤器"来选择孔特征。

说明：可使用几种方法完成这项任务，如可以简单地使用"阵列"命令按照规定的距离向上复制这个孔。

控制中望3D管理器窗口方法：在工具菜单选择或取消选择中望3D管理器可打开或关闭该窗口；在中望3D管理器上的历史管理选项卡显示历史记录；在图形窗口中单击右键，并从快捷菜单中选择中望3D管理器；如有必要，重复操作，以重新开启中望3D管理器。

重要说明：当一个命令提示输入时，可从历史管理器进行特征和基准面的选择，该操作可在创建镜像特征时使用。

7）实体圆角。使用"造型"选项卡下的"工程特征→圆角"特征功能，可对圆管所有的边线进行圆角处理，圆角半径为0.5mm，并将面属性改成所需的颜色，如图4-20所示。

注意：对于选择的边而言，单击右键弹出"选项"菜单，并选择"选择所有"或框选所有。

图4-20　实体圆角

8）保存文件。这样即可保存文件中的所有对象，退出零件。

四、创建吊扇法兰

1）新建零件。选择"零件/装配"对象，并将其命名为"吊扇法兰.Z3"，此后将处于中望3D软件的零件层级。

> **注意：** 可查看显示屏左下侧的屏幕缩放尺寸，由此快速确认处于单位为mm的零件状态。如果该数值是200mm，那么这是一个巨大零件。

2）创建圆柱体。在"造型"选项卡的"基础造型"中选取"圆柱体"命令，创建圆柱体，如图4-21所示。

图4-21　创建圆柱体

3）绘制草图5。选择"造型"选项卡下的"基础造型→插入草图"，草绘平面为"YZ"，选择"绘图"工具，绘制草图并标注尺寸，如图4-22所示。

> **注意：** 使用"绘图"工具绘制草图时，可以绘制直线和圆弧。直线和圆弧的切换通过单击端点进行，即通过选择"起点切换方式"，用户可以从相连直线切换为相切圆弧，然后再切换回相连直线。

> **说明：** 本例圆弧的中心对齐在Y轴上；R4mm圆弧与长24mm的直线为相切约束；图形关于Y轴对称。

4）拉伸侧耳实体。选择"造型"选项卡下的"基础造型→拉伸"，"轮廓P"为刚创建的草图5，"布尔运算"为"加运算"，"拉伸类型"为"对称"，"起始点S"为"17"，"结束点E"为"−17"，如图4-23所示。

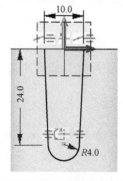

图4-22　绘制草图

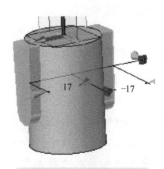

图4-23　拉伸侧耳实体

> ✏ **注意**：如果在草图中的零件为着色视图，可使用<Ctrl+F>键取消着色，以便选取草图。

5）绘制草图6。选择"造型"选项卡下的"基础造型→插入草图"，单击中键2次接受所有默认设置，此时草绘平面应该处于草图层级和XY基准平面上。选择"绘图→圆"工具，绘制草图并标注尺寸，如图4-24所示。

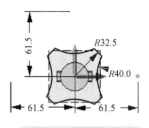

图4-24 绘制草图6

> ✏ **注意**：R40mm的圆弧只要绘制1个即可，其他3个圆弧可以通过"基础编辑→旋转"功能复制而成，如图4-25所示。

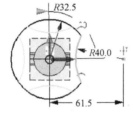

图4-25 旋转复制

图4-26 拉伸轴衬实体

可以从"视图"下拉菜单选择"显示范围"，或从DA工具栏选择"显示目标"命令，由此仅显示激活的草图，零件/装配将消失。使用"查询约束状态"命令确认草图得到明确约束。

> **说明**：外侧4个R40mm的圆相等。

> **思考**：请用另外一种方法来绘制该草图（提示：画好R32.5mm和R40mm的圆并标注好中心距后，将R40mm的圆复制3次，这时共有5个圆，选择"自动约束"命令，并从草图上选择零点作为基点，用"轨迹轮廓"命令选取希望用作最终草图的那部分圆，而不是修剪掉不想要的部分，即可得到所需的草图）。

6）拉伸轴衬实体。选择"造型"选项卡下的"基础造型→拉伸"，"轮廓P"为刚创建的草图6，"布尔运算"为加运算，"拉伸类型"为2边，"起始点S"为"0"，"结束点E"为"4"，如图4-26所示。

7）绘制草图7。选择"造型"选项卡下的"基础造型→插入草图"，草绘平面为"XY"或"轴衬顶面"，选择"绘图→圆"工具，绘制草图并标注尺寸，如图4-27所示。

> ✏ **注意**：可以通过开启DA工具栏上的"显示目标"来绘制草图。

> **说明**：当绘制结构线选取直线的第二个点时，不要获取任何隐含约束，如果获取了隐含约束，应确保将它们删除。如果需删除约束，则只需将光标移到它们之上，并单击右键删除。可使用"查询约束状态"命令确认草图是否得到明确约束。

为了便于确定孔的位置，只需创建一个草图，这个草图包含一条按照其中一个孔的距离和角度从中心绘制的直线，然后将根据第一个孔创建一个圆形阵列。

8）拉伸切除实体。选择"造型"选项卡下的"基础造型→拉伸"，"轮廓P"为有4个安装孔的草图7，"布尔运算"为减运算，"拉伸类型"为2边，"起始点S"为"0"，结束点E超过轴衬即可，如图4-28所示。

💡 注意：也可以从"造型"选项卡中选取孔命令来完成安装孔的创建。

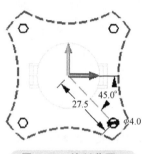

图 4-27　绘制草图 7

图 4-28　拉伸切除实体

9）创建台阶孔。选择"造型"选项卡下的"工程特征→孔"命令，孔类型选择"台阶孔"；面为法兰圆柱端面；放置孔的位置，选取圆柱端面的中心点；直径 $D1 = 13mm$、$D2 = 22mm$、$H2 = 26mm$；结束端选择通孔；确定后结束这个命令，如图4-29所示。

💡 注意：为确保圆柱端面中心点的选择，可使用右键菜单设置关键点输入选项，这样可以选择该面的中心。

10）创建通孔。选择"造型"选项卡下的"工程特征→孔"命令，孔类型选择"简单孔"；面为法兰侧耳平面；放置孔的位置，选取圆弧端面的中心点；直径 $D1 = 4mm$；结束端选择通孔。希望放置的下一个孔在 Z 方向上与第一个孔偏移 20mm，位置偏移选项可在右键菜单输入选项上找到，在选择偏移选项之后，再次选取圆弧的特征中心作为参考点，Z 轴偏移为"20"。确定后结束这个命令，如图4-30所示。

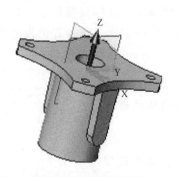

图 4-29　创建台阶孔

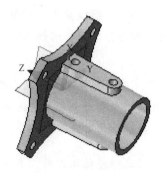

图 4-30　创建通孔

11）绘制草图8。选择"造型"选项卡下的"基础造型→插入草图"，草绘平面为"XZ"，选择"绘图→圆"工具，绘制草图并标注尺寸，如图4-31所示。

💡 注意：如果不能选择 XZ 平面，则应确保将 DA 工具栏上的实体过滤器设置为所有。

说明：φ6mm 圆心关于原点对齐，使用这种方法，即使法兰的直径发生变化，也不必惦记编辑这个草图。

12）拉伸切除实体。选择"造型"选项卡下的"基础造型→拉伸"，"轮廓 P"为草图 8，"布尔运算"为"减运算"，拉伸并移除穿过圆柱体两侧的圆，如图 4-32 所示。

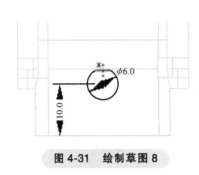

图 4-31　绘制草图 8

图 4-32　拉伸切除实体

13）保存文件，退出零件。

五、创建支承球头

1）新建零件。选择"零件/装配"对象，并将其命名为"支承球头 .Z3"，此后将处于中望 3D 软件的零件层级。

2）创建球体。在"造型"选项卡的"基础造型"中选取"球体"命令，球体的中心点选取位于"0，0，0"的点或输入"，"或"0"，球的半径为 25mm，然后确定，创建球体如图 4-33 所示。

图 4-33　创建球体

3）切除球体。首先从"造型"选项卡下"基础编辑→移动"命令中选取"沿方向移动"，选取球体作为移动的实体，右击-Z 轴作为移动方向（注意球体开始在屏幕上拖动），移动的距离为 6mm，并结束命令。

然后将实体过滤器设置为"造型"，将光标移到球体上，球体高亮显示，右击后与球体对应的快捷命令将会出现，选择 XY 基准面进行修剪，此时实体过滤器若仍为造型则无法选取基准面。

注意：从历史管理器选取基准面通常更加容易。在选项对话框中勾选"保留相反侧"，此时将看到基准面的法线箭头向下翻转。箭头指向需保留的部分，如图 4-34 所示。

说明：在进行移动操作时，有角度的输入选项，这个造型允许实体关于方向轴进行旋转，如果只是希望关于轴线旋转造型，那么只需使用沿方向移动命令，输入 0 作为距离并指定旋转角度。

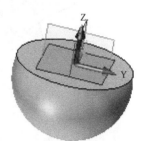

图 4-34　切除球体

4）创建通孔。选择"造型"选项卡下的"工程特征→孔"命令，孔类型选择"简单孔"；面为球体修剪平面；放置孔的位置，选取修剪面的中心点；直径 $D1 = 22mm$；结束端选择通孔，如图 4-35 所示。这个孔以后将用于组合与之前创建的圆管。

说明：对于位置，可以通过右键单击曲率中心并选取圆的边线来选择该面的中心或输入 0 并确定。

5）绘制草图 9。选择"造型→插入草图"，草绘平面为"XY"，选择"绘图"工具，绘制矩形边宽为 6mm 和 10mm、长度为 37mm 的十字形草图，如图 4-36 所示。

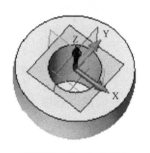

图 4-35　创建通孔

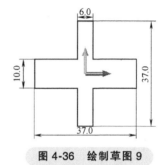

图 4-36　绘制草图 9

注意：选取"显示目标"命令，只有激活，草图平面上的长方形才出现在屏幕上。

说明：可使用对称功能对草图进行约束。本草图也可绘出 2 个矩形十字形，约束好以后通过选择"轨迹轮廓"，选取想跟踪或保留的草图部分，用该草图部分进行拉伸移除操作。这种跟踪为所需的草图区域，而不是将不需要的范围修剪掉，其好处是允许当前的标注和几何约束保持不变，如果对这个造型进行修剪，可能需要运用附加约束来重建这个设计思想。

6）拉伸切除实体。选择"造型"选项卡下的"基础造型→拉伸"，"轮廓 P"为草图 9，"布尔运算"为减运算，拉伸深度为 15mm，并对切除底部做圆角处理，如图 4-37 所示，至此完成了十字形特征的创建。

接下来需要设计定位螺钉的切口和槽，可以重复刚才的步骤 5 和步骤 6 来完成，下面尝试用其他方法来完成。

7）绘制草图 10。选择"造型"选项卡下的"基础造型→插入草图"，草绘平面为"XY"，选择"绘图→直线"工具，绘制长 15mm、角度为 45°的直线，如图 4-38 所示。

图 4-37　拉伸切除实体

隐藏支承球头造型，只显示草图。选取"隐藏实体"命令，将实体过滤器设置为"造型"，单击右键选取所有，选择确定或单击中键，此时在屏幕上只看到草图，如图 4-39 所示。

8）创建基准面 1。选择"造型"选项卡下的"基准面"，选择"平面"和"对齐到几何坐标的 XY 面"，并选取草图 10 的右端点，接受默认的智能基准面选项来创建一个与草图直线正交的基准面 1，如图 4-40 所示。

9）创建六面体。在"造型"选项卡的"基础造型"中选取"六面体"命令，点 1 是将六面体的中心置于草图直线的端点（新基准面的零点），点 2 只需在屏幕的某个位置进行

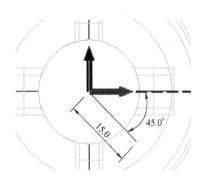

图 4-38 绘制草图 10

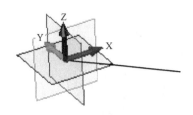

图 4-39 隐藏支承球头造型

选取，长度、宽度、高度分别为 8mm、22mm、30mm，对齐平面选取基准面 1，如图 4-41 所示。

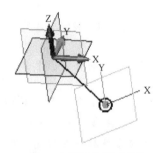

图 4-40 创建基准面 1

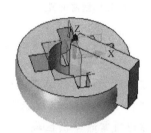

图 4-41 创建六面体

💡 注意：从历史管理器中选取这个基准面可能更加容易。

10）切除球头切口。从"造型"选项卡"基础编辑→移动"命令中选取"沿方向移动"，选取六面体作为移动的实体，方向选取六面体的一条边线，移动的距离指定为 15mm，如图 4-42 所示。

然后从"造型"选项卡中选取"圆角"命令，使刚刚创建的六面体的底边形成圆角，将半径指定为 4mm，如图 4-43 所示。

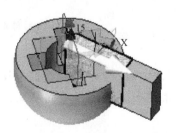

图 4-42 移动六面体

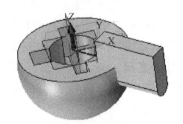

图 4-43 创建六面体圆角

最后将实体过滤器（<Shift+鼠标右键>）设置为"造型"，选择"造型"选项卡下的"基础编辑→组合"命令，"布尔运算"选择"减运算"，"基体"为球头，"合并体"选取带圆角的六面体，从球头中移除带圆角的六面体，形成定位螺钉的切口，如图 4-44 所示。

图 4-44　切除球头螺钉的切口

接下来的 2 个步骤用于创建槽切口。

11）绘制草图 11。选择"造型"选项卡下的"基础造型→插入草图"，草绘平面为"基准面 1"或切口平面（选用），在预制草图面板中选择"旋转槽"命令 ✐，将基点设定在原点（0，0）处，绘制尺寸为 2mm 和 4.6mm、角度为 90°的槽口，如图 4-45 所示。

12）拉伸切除实体。选择"造型"选项卡下的"基础造型→拉伸"，"轮廓 P"为草图 11，"布尔运算"为"减运算"，拉伸深度为 10mm，如图 4-46 所示，至此完成了槽切口特征的创建。

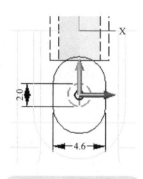

图 4-45　绘制草图 11

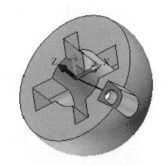

图 4-46　拉伸切除实体

说明：在支承球头设计的最后这几个步骤中，需切一个凹槽，它在吊扇装配完毕之后将用作导向槽。此处将对模型中已有的几何体进行操作，生成一条线框曲线，该曲线用作槽的扫掠轨迹。中望 3D 软件是一个混合建模系统，这意味着可在一个模型中使用线框几何体、曲面和实体来构建必需的特征。可从支承球头中抽取一条曲线，把它用作槽的扫掠轨迹，并将它旋转就位。

13）修改线属性。打开"属性"下拉菜单，选择"线"，将直线颜色设置为绿色，并将宽度设置为列表下面的第 4 选项，确定后结束这个命令，如图 4-47 所示。

注意：这个命令目前不会导致屏幕上发生任何变化，且产生的影响将在以后结果呈现中出现。

14）创建边界曲线。首先从"线框"选项卡中选取"曲线→边界曲线"命令，选取球的边来提取线框，如图 4-48 所示。

注意：在提取边界曲线时要让零件显示形式为"线框模式"。

其次将旋转曲线旋转到指定位置。从"造型"选项卡下选择"基础编辑→移动"命令，

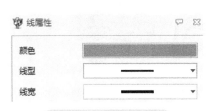

图 4-47　修改线属性

图 4-48　创建边界曲线

选取沿方向移动，实体为刚才创建的曲线（可以将实体过滤器设置为"曲线"），移动方向可通过右击选择 Z 轴，移动距离为 0，旋转角度为 135°或 -45°，如图 4-49 所示。

最后延长边界曲线。从"线框"选项卡中选择"曲线编辑→修剪/延伸"曲线命令，曲线选取旋转后的边界曲线，勾选对话框中的"延伸两端"选项，长度设置可以拖动光标，直到长度接近 10mm 为止，或者在对话框中输入"10"，如图 4-50 所示。

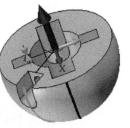

图 4-49　旋转边界曲线

图 4-50　延伸边界曲线

说明：延长边界曲线的目的是使沿该曲线扫掠的轮廓穿过支承球头的顶部和底部。

15）创建基准面 2。选择"造型"选项卡下的"基准面"，选择"平面"和"对齐到几何坐标的 XY 面"，选取边界曲线的顶点，在选项对话框中"X 点"输入"0"，使新基准面的 X 轴在径向指向球体中心，其他参数接受默认选项，即可创建一个与边界曲线正交的基准面 2，如图 4-51 所示。

16）绘制草图 12。选择"造型"选项卡下的"基础造型→插入草图"命令，草绘平面为"基准面 2"，选择"矩形"工具，矩形中心设定在原点（0，0）处，绘制一个 4mm×6mm 的矩形，如图 4-52 所示。

图 4-51　创建基准面 2

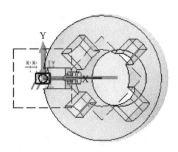

图 4-52　绘制草图 12

17）扫掠切除球头。从"造型"选项卡中选取"基础造型→扫掠"命令，"布尔运算"为"减运算"，"轮廓 P1"为长方形草图，"路径 P2"为边界曲线，如图 4-53 所示。

18）创建圆角。将支承球头上的所有边缘倒圆角，使用"造型"选项卡下的"工程特征→圆角"命令，选取需构建圆角的边，右击选择所有，将圆角的半径设定为 0.5mm。将实体过滤器修改为"造型"，在对象上右击并选取面属性，将支承球头的颜色修改为所需的颜色。按住<F3>键，并按住鼠标右键，将光标向两侧滑动使零件关于 Z 轴旋转，观察模型。删除扫掠曲线以及位于曲线终端的基准平面，如图 4-54 所示。

图 4-53　扫掠切除球头

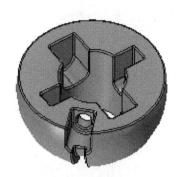

图 4-54　创建圆角

19）保存模型，退出零件。

小结

这部分内容主要完成了吊扇中各个零件的建模，目的是复习、巩固中望 3D 软件的草绘方法、实体建模方法，为下一步进行装配内容的学习打好基础。

六、装配-自底向上法

由于吊扇的所有独立零件均已构建好，此后的几个步骤将演示"自底向上"装配组件方法。

装配约束的
介绍

1）新建装配。选择"零件/装配"对象，并将其命名为"吊扇装配"。

2）插入吊扇法兰组件。选择"装配"选项卡下的"组件→插入"命令（或者单击右键，选择"插入组件"），从对象列表中选择吊扇法兰组件，将它放置在屏幕上的某个位置（不要放在（0，0，0）位置），如图 4-55 所示。

3）对齐吊扇法兰组件。将吊扇法兰组件与 XYZ 基准平面对齐。成功对齐的关键是：将过滤器设置为"面"，并单击右键，选取"在实体上"选项。不必从对话框的可选输入部分中选取对齐图标。如果选取一个圆柱面，则中望 3D 软件将假定为同心约束；如果选取平面，则中望 3D 软件假定为重合约束。

① 添加第一个对齐约束。"实体 1"选择图 4-55 所示的沉孔底面，在选取之前，观察零件上出现的矩形约束图标；"实体 2"选择 XY 平面，注意组件出现移动；选择"共面"选项，这时组件反转其方向，如图 4-56 所示，此时组件的中心线未与全局平面的 Z 轴对齐。此外还应注意，现在显示一个平面约束，不要确定，需选取 3 对曲面或平面来对大多数对象进行完全约束，在选取下一个曲面之前可在"共面"选项与"相反"选项之间切换。

注意：如果在完成对齐之前确定，只需单击右键选择"对齐"，或者选择"装配"选项卡下的"对齐-约束"重新对齐。

图4-55　选择沉孔底面

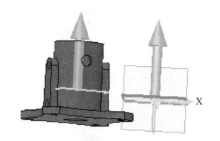

图4-56　添加第一个对齐约束

② 添加第二个对齐约束。现在需看到组件的基准平面，选取"视图"菜单下的"外部基准面"命令，"实体1"选择组件的YZ平面，选择"相反"选项；"实体2"选择YZ平面，如图4-57所示。

③ 添加第三个对齐约束。"实体1"选择组件的XZ平面，选择"相反"选项；"实体2"选择XZ平面，选择"共面"选项，如图4-58所示。

图4-57　添加第二个对齐约束

图4-58　添加第三个对齐约束

说明：使用"装配"选项卡上的"查询→约束状态"命令，可以检查约束体系。同时在管理区域的装配管理器下能够看见刚设置的约束，若需要更改或者删除约束，可以选中相应约束单击右键进行删除。

装配约束
状态查询

4）插入圆管组件。选择"装配"选项卡下的"组件→插入"命令，从对象列表中选择圆管组件，将它放置在远离吊扇法兰组件的某个位置，如图4-59所示。

5）对齐圆管组件。现在，将对齐圆管组件和吊扇法兰组件。

① 添加第一个对齐约束。"实体1"选择圆管组件的外圆柱表面；"实体2"选择吊扇法兰组件的内圆柱表面；选择"相反"选项，这时，组件反转其方向，如图4-60所示。

② 添加第二个对齐约束。现在需要对齐圆管的通孔和吊扇法兰组件的通孔。"实体1"选择圆管组件的通孔内表面，选择"相反"选项；"实体2"选择吊扇法兰组件通孔中的面，如图4-61所示。

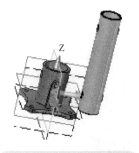

图 4-59　插入圆管组件

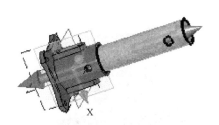

图 4-60　添加第一个对齐约束

🔔 **注意**：选择圆管组件的通孔内表面时可以使用"装配"选项卡下的"基础编辑→拖拽"命令将圆管组件拖出一段距离，以便选取表面，如图 4-62 所示。

图 4-61　添加第二个对齐约束

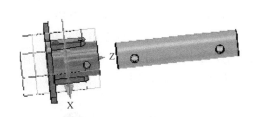

图 4-62　拖拽圆管组件

说明：从圆管组件的通孔中选择面（过滤器是必须选择的）。现在已经限制了全部 6 个自由度，零件既不能在 X、Y 或 Z 方向移动，也不能围绕 X、Y 或 Z 方向旋转。

6）插入法兰销组件。选择"装配"选项卡下的"组件→插入"命令，从对象列表中选择法兰销组件，将它放置在远离吊扇法兰组件的某个位置，如图 4-63 所示。

7）对齐法兰销组件。现在，将法兰销组件插入到圆管组件和吊扇法兰组件中。

① 添加第一个对齐约束。"实体 1"选择法兰销组件上的圆柱表面；"实体 2"选择吊扇法兰组件的内孔表面；选择"相反"选项，这时组件反转其方向，如图 4-64 所示。

图 4-63　插入法兰销组件

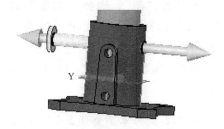

图 4-64　添加第一个对齐约束

② 添加第二个对齐约束。现在需要使法兰销组件的头部与法兰相切。"实体 1"选择法兰销组件的头部并选择啮合表面（过滤器是必须选择的），选择"相反"选项；"实体 2"选择吊扇法兰组件上的外圆柱表面，从选项输入中选择"相切"图标，如图 4-65 所示。

③ 添加第三个对齐约束。现在在法兰销组件上定义一个旋转约束。"实体 1"选择法兰销

组件内的孔；"实体2"选择YZ平面，选择"角度"图标，输入"−45°"如图4-66所示。

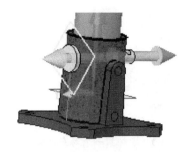

图4-65　添加第二个对齐约束

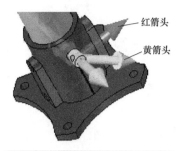

图4-66　添加第三个对齐约束

🔍 **注意**：观察图中红、黄大箭头。

8）插入支承销组件。选择"装配"选项卡下的"组件→插入"命令，从对象列表中选择支承销组件，将它放置在远离吊扇法兰组件的某个位置，如图4-67所示。

9）对齐支承销组件。现在将支承销组件插入到圆管组件中。

① 添加第一个对齐约束。"实体1"选择支承销组件上的圆柱表面；"实体2"选择圆管组件的内孔表面，选择"相反"选项，如图4-68所示。

图4-67　插入支撑销组件

图4-68　添加第一个对齐约束

② 添加第二个对齐约束。现在将使用一个点约束来决定支承销组件的插入深度。"实体1"选择支承销组件上左平面，此处需要重置选取过滤器为"面"，选择"相反"选项；"实体2"选择位于法兰销组件头部的XZ平面，此处需要重置选取过滤器；选择"相反"选项，偏移值输入"−17.5"，如图4-69所示。

图4-69　添加第二个对齐约束

说明：现在已经约束了全部5个自由度，剩下一个绕支承销轴线方向的转动自由度无需约束。

10）插入支承球头组件。选择"装配"选项卡下的"组件→插入"命令，从对象列表中选择支承球头组件，将它放置在远离吊扇法兰组件的某个位置，如图4-70所示。

11）对齐支承球头组件。现在将支承球头组件内的槽与支承销组件对齐。

① 添加第一个对齐约束。"实体1"选择支承球头组件上的内圆柱表面；"实体2"选择

圆管组件的外圆柱表面，选择"相反"选项，如图 4-71 所示。

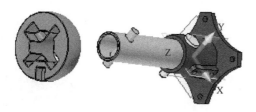

图 4-70　插入支撑球头组件

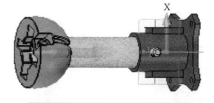

图 4-71　添加第一个对齐约束

② 添加第二个对齐约束。"实体 1"选择支承球头组件上的圆柱表面，选择"相反"选项；"实体 2"选择支承销组件的外圆柱面，选择"共面"选项，如图 4-72 所示。

12）检查对齐。使用"视图→外部基准面"命令，将基准平面从显示屏中移除，确保开启着色；再次使用"装配"选项卡中的"查询→约束状态"，查看有颜色代码的图形，以帮助解释结果，可以看到除支承销组件之外，所有组件均已得到明确定义，如图 4-73 所示，它有 1 个旋转自由度。可以通过单击"后一个"在各个组件中进行循环。

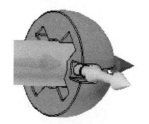

图 4-72　添加第二个对齐约束

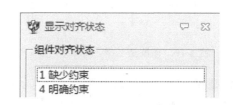

图 4-73　对齐约束查询

说明：想一想支承销组件的作用，法兰销组件也能够旋转，不过要给予它特定的角度对齐约束。

13）保存、退出装配。装配效果如图 4-74 所示。

14）干涉检查。至此，吊扇的整个装配过程基本结束，如有必要还可以对完成的装配进行干涉检查、视图炸开等操作，本装配的干涉检查是没有问题的，为了配合中望 3D 软件的学习，应有目的地创建一个干涉条件，并通过软件系统进行检查。现介绍如下。

① 隐藏组件。重新打开"吊扇装配"文件，选择"装配管理"命令，从"吊扇装配"组件树上选择支承球头组件并单击右键，选择"隐藏"选项。类似地，隐藏支承销组件和圆管组件，如图 4-75 所示。

说明：被隐藏的组件呈灰色显示，如需恢复显示组件，可再次右键单击所需显示的组件，选择"显示"选项即可。

② 修改法兰销。首先确保过滤器设置为"全部"；在法兰销组件上双击，使操作环境现在处于"法兰销"对象中，这时吊扇法兰组件处于透明状态；选择"视图"菜单下的"显示范围"中的"显示目标"（或直接单击 DA 工具栏上的"显示目标"），由此只显示激活对象中的几何体，如图 4-76 所示。

图 4-74 装配效果

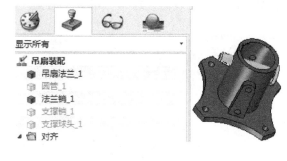

图 4-75 隐藏组件

双击"历史管理器"下的"草图1",系统自动进入草图编辑环境,在半径3.0mm尺寸上双击,并将数值修改为"5.0",如图4-77所示。退出草图后零件的历史记录将自动重新生成,选择"退出零件",以返回"装配"环境。

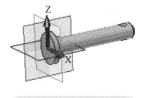

图 4-76 修改法兰销

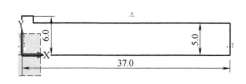

图 4-77 修改草图

③ 返回装配。退出法兰销组件后,会自动重新显示吊扇法兰组件和法兰销组件。

说明:这时可以从DA工具栏中选择"显示全部"命令,以显示所有几何体。这里暂不显示所有几何体。

④ 干涉检查。从"装配"选项卡中选择执行"查询→干涉检查"命令,"基体"选择吊扇法兰组件,单击中键确认;"检查"选择法兰销组件,单击中键确认;勾选"保留干涉结果",单击选项下的"干涉检查",如图4-78所示。可查看消息窗口的干涉信息。

图 4-78 干涉检查

再次转至装配管理器并隐藏所有组件,可以看到产生干涉部分的材料,如图4-79所示。选择撤销上一步命令撤销历史记录,直到返回到2个组件可见的装配状态(参见标题栏)为止。

⑤ 修改半径尺寸。双击法兰销组件的长圆柱面,将半径尺寸5.0mm改回到原先的3.0mm,如图4-80所示。选择显示所有实体命令。

15) 炸开装配。从"装配"选项卡中选择"组件→炸开配置"命令,接受默认选项,单

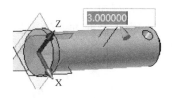

图 4-79　产生干涉部分的材料　　　　　　图 4-80　修改半径尺寸

击中键接受该命令。炸开配置后，组件的位置不一定是用户所需要的，可能需移动一些组件调整它们的间距。

① 沿方向移动。从"装配"选项卡中选择"基础编辑→移动"命令，使用"沿方向移动"命令来调整它们的间距，如调整支承球头组件的间距，如图 4-81 所示。类似地，将其他组件都移到合适的位置，得到所需的炸开视图，如图 4-82 所示。

> 说明：为了管理初始装配及分解装配，中望 3D 软件自动创建了一个新的装配配置，参见屏幕顶部的标题栏，其显示"炸开_装配"。

② 激活配置。从"装配"选项卡中选择"组件→激活配置"命令，可在"默认配置"与"炸开_装配"之间进行选择，如图 4-83 所示。选择"默认配置"将还原到炸开之前装配状态，选择"炸开_装配"则显示炸开视图状态。

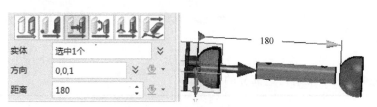

图 4-81　沿方向移动支承球头

爆炸视图
的生成

图 4-82　炸开视图　　　　　　图 4-83　激活配置

> 注意：使用配置方法中望 3D 软件可以有多种分解配置，如记录配置、激活配置、定义配置、删除配置、查询配置、炸开装配。

16）保存后退出装配。

学习小结

自底向上装配是首先根据各产品特点先创建单个零件的几何模型，再组装成子装配部件，最后生成装配部件的装配方法。一旦组件部件发生变化，所有利用该组件的装配文件在打开时将自动更新以反映其部件间的关联关系。这种装配方式的缺点：是不能完全体现设计意图，尽管可能与自顶而下的设计结果相同，但加大了设计冲突和错误的风险，设计也不够灵活。目前，自底向上装配方式仍是设计中最广泛采用的方法。其优点是设计相似产品或不需要在其生命周期中进行频繁修改的产品，一般均采用自底向上装配的设计方法。

任务 2 　自顶而下法设计吊扇衬垫

任务目标

1. 知识目标

（1）理解"自底向上"和"自顶而下"两种设计方法各自的优缺点。

（2）掌握中望3D软件中"自顶而下"装配零件的一般思路和方法。

2. 能力目标

能够采用"自底向上"和"自顶而下"两种设计方法设计吊扇。

3. 素质目标

通过对比"自底向上"和"自顶而下"两种设计方法设计吊扇的优、缺点，让学生理解解决问题的方法并不唯一，碰见问题要多思考，从不同的角度寻找不同的方法解决它。

任务描述

完成图 4-84 所示小吊扇衬垫部分的设计。

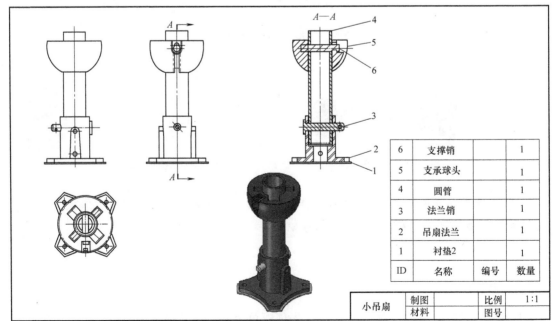

6	支撑销		1
5	支承球头		1
4	圆管		1
3	法兰销		1
2	吊扇法兰		1
1	衬垫2		1
ID	名称	编号	数量

| 小吊扇 | 制图 | | 比例 | 1:1 |
| | 材料 | | 图号 | |

图 4-84　小吊扇

任务分析

衬垫部分的设计可以继续采用自底向上的设计方式，这里为介绍中望 3D 软件的另外一种装配方法，将采用自顶而下的方法进行设计。

自顶而下也称自上向下的产品设计，就是从产品的顶层设计开始，通过在装配过程中可以随时设计零件来完成整个产品设计的方法。在顶层设计中先构造出一个"基本骨架"（装配结构），随后的设计过程基本上都在这个"基本骨架"的基础上进行复制、修改、细化、完善并最终完成整个设计过程，如图 4-85 所示。

图 4-85　自顶而下设计产品基本骨架

为了在这个装配任务中介绍自顶而下创建零件的方法，此处将在装配体内创建一个新的空零件对象，并从装配体内的其他零件复制几何图形，由此开始构建新零件。为了介绍这种方法，仍使用任务 1 中已经装配好的吊扇，然后再构建一个简单的衬垫，这个衬垫放置在法兰的底部，通过衬垫的添加理解自顶而下的产品设计方法。

任务实施

1）插入衬垫组件。打开"吊扇设计"装配文件，再打开"吊扇装配"文件，从"装配"选项卡中选择"组件→插入"命令（或在空白处单击右键，选择"插入组件"），在"新建名称"对话框内输入新的空零件的名称"衬垫"，

自顶而下法设计吊扇衬垫1

自顶而下法设计吊扇衬垫2

并按下 <Enter> 键。然后，从插入组件的选项窗口中勾选"固定组件"选项，在"位置"行输入的插入点为法兰顶部的孔中心，这时装配变为半透明，如图 4-86 所示。

> 说明：法兰顶部的孔中心点可以通过单击右键选择"关键点"或"曲率中心"等，再选取法兰顶部的孔中心。

> 注意：此时窗口顶部的标题栏应显示"... 文件 [吊扇设计 . Z3] . 零件 [衬垫]"，表示当前正处于刚刚创建的"衬垫"零件对象中。另外在下面的绘制中也可选取 DA 栏上的"显示目标"，让屏幕上只能看到三个基准平面。

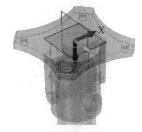

图 4-86　插入衬垫组件

2）建立衬垫零件。此处将构建两个独立的草图，一个针对衬垫的主体或外部形状，另一个针对衬垫内的孔。接下来建立一个和法兰的底部平面外形相似的衬垫。

① 绘制衬垫草图1。从"装配"选项卡切换到"造型"选项卡，选择"基础造型→插入草图"命令，平面选取"XY"，接受默认选项并确定，进入草绘环境。

这里可以利用吊扇法兰的底面轮廓来构成草图。选择"参考→参考"，必选项为默认的"曲线"，选取吊扇法兰的 8 段圆弧，该 8 段圆弧为红色的虚线，即构造线，框选 8 段圆弧单击右键选择"切换类型（构造型/实体型）"，将构造线转为实线，如图 4-87 所示。

> 🔆 注意：由红色虚线转化为实线，这一微小的变化至关重要，因为红色的轮廓线仍然参照模型几何体，可在离开草图时使用它们。

图 4-87　衬垫草图 1

② 拉伸衬垫。选择"造型"选项卡下的"基础造型→拉伸"命令，"轮廓"为衬垫轮廓草图 1，"拉伸类型"为 2 边，"起始点 S"为 0，"结束点 E"为−1，将偏移改成"收缩/扩张"并在"外部偏移"框中输入"2"，如图 4-88 所示。

③ 绘制衬垫草图2。再次选择"基础造型→插入草图"命令，平面选取"XY"，勾选"参考面边界"，其他接受默认选项并确定，进入草绘环境。类似地，选择 5 个圆孔为参考并将它们转为实线，如图 4-89 所示。

④ 拉伸切除实体。选择"造型"选项卡下的"基础造型→拉伸"命令，"轮廓 P"为衬垫草图 2，"布尔运算"为"减运算"，"拉伸类型"为 2 边，"起始点 S"为 0，"结束点 E"超过衬垫顶面即可，将偏移改成"收缩/扩张"，并在"外部偏移"框中输入"1"，如图 4-90 所示。修改面属性后保存模型，单击右键选择"退出"，此时将返回主吊扇装配对象，如图 4-91 所示。

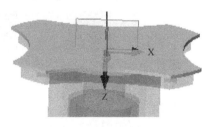

图 4-88　拉伸衬垫

图 4-89　绘制衬垫草图 2

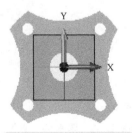

图 4-90　拉伸切除衬垫

图 4-91　主吊扇装配对象

> 🔆 注意：保存模型，退出零件后注意观察窗口顶部的标题栏应显示"文件［吊扇设计 . Z3］. 装配［吊扇装配］"。

3）保存后退出装配。退出装配后，在左侧的管理器窗口的名称栏会看到刚才创建的衬垫。为进一步学习中望 3D 软件，下面通过编辑吊扇法兰来查看衬垫的变化。

4）编辑吊扇法兰。如果已经退出，请重新打开"吊扇装配"文件，将实体过滤器设置为"组件"，并双击吊扇法兰，窗口顶部的标题栏应显示当前正处于吊扇法兰零件，如果选取"显示目标"，那么就只能显示吊扇法兰。

① 修改草绘。打开吊扇法兰的"历史管理器"窗口，在"草图 2"上单击右键，并选择"重定义"，将右边的 R40mm 的半径标注修改为 R45mm，其他不做修改，如图 4-92 所示。

🔎 注意：草绘的方法不同，修改后的结果可能也不同，不用在意是否影响后面的学习。

② 生成法兰。退出草图，历史记录将自动重新生成，新的吊扇法兰零件如图 4-93 所示。

③ 更新衬垫。退出零件，查看标题栏是否处于母装配环境中。这时衬垫还没有得到更新，如图 4-94 所示。将实体过滤器设置为"组件"，并在衬垫上双击，即开始编辑衬垫，单击右键，在弹出的菜单顶部，单击"自动生成当前对象"按钮◎（或在窗口顶端左侧查找该按钮），随后衬垫被更新，退出零件，如图 4-95 所示。

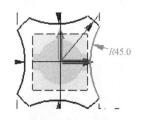

图 4-92　修改衬垫草图

图 4-93　重新生成吊扇法兰

图 4-94　未更新衬垫

5）退出装配，不必保存装配。修改后的装配不是所需要的，只是当作练习，故不必保存。

6）附加练习。作为附加练习，以下采用不同的方法创建衬垫。首先应该确保文件处于装配层级，而不是处于组件层级（参见标题栏），并且从装配中隐藏衬垫组件（在"装配管理器"中操作）。

① 插入组件。从"装配"选项卡中选择"组件→插入"命令，将它命名为"衬垫 2"，勾选"固定组件"，位置的选择可以通过单击右键，在弹出的菜单中选取"曲率中心"，然后选择法兰顶面上的圆孔中心，将衬垫 2 定位在法兰面上，如图 4-96 所示。

🔎 注意：当前工作环境处于零件层，可以查看窗口顶部的标题栏，组件也变为半透明状态，"衬垫 2"也是一个空组件。

② 插入法兰组件。同上选择"组件→插入"命令，选取"吊扇法兰"，固定组件并且选择位置（0，0，-4）使原吊扇法兰的顶面与插入法兰的底面重合，勾选"复制零件"，如图 4-97 所示。

🔎 注意：当前工作环境处于装配层，可以查看窗口顶部的标题栏是"装配［衬垫 2］"。

③ 复制法兰面。单击 DA 工具栏上的"全部显示"隐藏其他组件，只显示刚插入的吊

图4-95 已更新衬垫

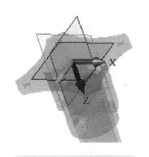

图4-96 定位衬垫2

图4-97 插入吊扇法兰组件

扇法兰。双击吊扇法兰将工作环境切换到零件层，在"造型"选项卡下选择"基础编辑→复制"命令，将实体过滤器设置为"曲面"，选择"点到点复制"，实体选取吊扇法兰的顶面（插入的吊扇法兰已经过旋转，原底面已朝上），起始点为"0"，目标点也为"0"，如图4-98所示。

> **注意**：目标点输入"0"后，单击中键确认，然后退出。

④ 隐藏吊扇法兰。将实体过滤器设置为"造型"，在吊扇法兰上单击右键，选择"隐藏"命令，将刚插入的吊扇法兰隐藏，只保留刚复制的平面，如图4-99所示。

图4-98 复制法兰面

图4-99 隐藏吊扇法兰

> 思考：
> a. 现在能否将刚才插入的吊扇法兰删除？插入吊扇法兰的目的是什么？（提示：复制侧面）
> b. 如果在插入吊扇法兰时没有勾选"复制零件"，还有没有必要隐藏吊扇法兰？

⑤ 抽壳曲面。选择"造型"选项卡下的"编辑模型→抽壳"命令，"造型S"为刚才复制的法兰平面，"厚度T"设为"-2.0"，勾选"创建侧面"并确定，如图4-100所示。

> **说明**：因为此处希望向Z轴的反向添加材料，所以它的厚度应是负值。当然这一步也可以不使用"抽壳"命令来完成，而使用"拉伸"实体，即选择"造型"→"拉伸"命令，"轮廓"为刚才复制的法兰平面，拉伸高度为2.0mm，请自行练习。

⑥ 偏移侧面。选择"造型"选项卡下的"编辑模型→面偏移"命令，"面F"选取抽壳零件的8个外围侧面，"偏移T"为"2"，使8个侧面向外偏移2mm，如图4-101所示。

重复这个命令，并向5个孔添加-1.0mm的偏移量，这样会使孔变大，如图4-102所示。

⑦ 查看衬垫 2。修改衬垫 2 的面属性；退出当前处于零件层的吊扇法兰；再退出处于装配层的衬垫 2，回到"装配［吊扇装配］"，注意观察窗口顶部标题栏的变化；在 DA 栏选择"全部显示"来查看整个装配，如图 4-103 所示。

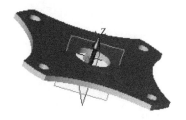

图 4-100　抽壳曲面

图 4-101　偏移衬垫 2 侧面

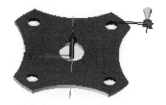

图 4-102　偏移衬垫 2 内孔

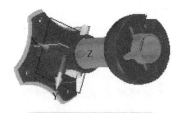

图 4-103　查看衬垫 2

⑧ 删除吊扇法兰 1。在"装配［吊扇装配］"中双击衬垫 2，进入"装配［衬垫 2］"，再双击衬垫 2 会进入"零件［吊扇法兰 1］"，从 DA 栏上选择"显示全部"，如图 4-104 所示。将实体过滤器设置为"造型"，在吊扇法兰上单击右键，选择"删除"命令，将刚插入的吊扇法兰 1 删除。

⑨ 编辑衬垫 2 厚度。在左侧历史管理器"抽壳1"上单击右键，并选择"打开/关闭"，再右键单

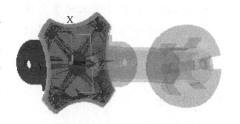

图 4-104　显示吊扇法兰 1

击"厚度 T"并选择"编辑"，将厚度修改为"-1.0"，如图 4-105 所示。确定后历史记录将自动重新生成。

图 4-105　编辑衬垫 2 厚度

⑩ 保存结果，退出文件。

学习小结

中望 3D 软件自顶向下建模步骤是：创建装配结构；建立零件特征；提取造型到组件（创建新组件）；完善组件细节；完成装配体建模。

任务3　铰接夹的装配及装配动画

任务目标

1. 知识目标

（1）复习、巩固自底向上装配方法。

（2）掌握组件对齐状态下的约束检查的使用方法。

（3）掌握装配过程中的各种约束关系及其含义。

（4）掌握装配动画中的简单动画—不使用相机，简单动画—使用相机，角度对齐—使用相机。

（5）理解关键帧在动画中的作用及含义，掌握动画文件的保存输出。

2. 能力目标

（1）能够检查组件对齐状态下的约束情况。

（2）能够明确装配过程中的各种约束关系及其含义并能正确使用。

（3）能够根据要求选择正确的方式制作动画并保存输出文件。

3. 素质目标

（1）让学生理解约束的重要性，能够找到自我约束及提高自我控制力方法。

（2）在动画制作过程中不同的输入将会输出不同的结果，从而让学生感受到付出与收获之间的关系。

任务描述

完成图4-106中铰接夹装配并进行动画的运动仿真（图中各个组件已经创建）。

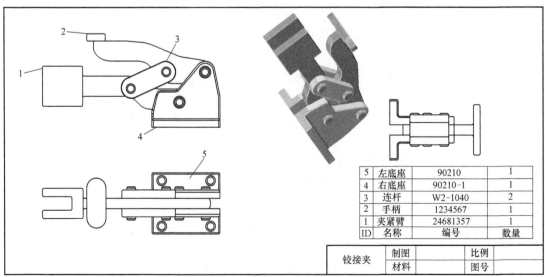

5	左底座	90210	1
4	右底座	90210-1	1
3	连杆	W2-1040	2
2	手柄	1234567	1
1	夹紧臂	24681357	1
ID	名称	编号	数量

| 铰接夹 | 制图 | | 比例 | |
| | 材料 | | 图号 | |

图 4-106　铰接夹

任务分析

本任务需要完成两项内容，首先根据图样将给定的零件装配成铰接夹，然后进一步完成铰接夹的动画仿真。

任务实施

一、装配——自底向上法

由于铰接夹的所有独立零件均已构建好，此处先将所有的零件采用自底向上的组件装配方法进行装配。接着再进行装配的动画仿真。

铰接夹装配级动画1　　铰接夹装配级动画2

1）新建装配。打开中望 3D 软件并新建零件，选择"零件/装配"对象，并将其命名为"铰接夹装配"。

2）插入左底座。选择"装配"选项卡下的"组件→插入"命令（或者单击右键，选择"插入组件"），接受"从现有文件插入"选项，单击如图 4-107 所示打开文件小图标，查找铰接夹装配文件夹所在的位置，并选取零件对象列表中的"左底座"，勾选"固定组件"，并将它放置在屏幕上的原点位置，如图 4-108 所示。

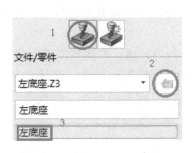

图 4-107　选择插入左底座

图 4-108　完成左底座的插入

> 🔖 注意：由于中望 3D 软件支持多对象文件，即一个文件中还可以包含多个文件，但现有的"左底座.Z3"并不是多对象文件，所以找到左底座后还要选择一次"左底座"文件。

说明：使用"固定组件"命令将组件固定在全局原点后，该组件将不再移动。

3）查询约束。选择"装配"选项卡下的"查询→约束状态"命令来查询组件当前的对齐状态，如图 4-109 所示。

图 4-109　查询约束

说明：使用查询对齐约束命令，对话框提供可在激活装配中对所有组件循环使用的选项。当显示其对齐信息时，组件将会在图形窗口中高亮显示。这些信息显示该组件是完全约束、缺少约束还是过度约束。如果一个组件缺少约束，DOF（自由度）数量，以及组件可变换和旋转的方向都会一起列出来。

① 无约束：组件不受约束。

② 缺少约束：组件仍可移动（如果没有任何组件是固定的，则明确约束的装配中的组件会变成缺少约束）。

③ 明确约束：组件受到完整且正确的约束。

④ 固定：组件已固定不能移动。

⑤ 过约束：组件的约束条件中存在冲突或冗余。

⑥ 约束冲突：组件的约束在某个标注值下可能是有效的约束，但其当前的各标注值不一致。

⑦ 范围之外：当在装配的环境中编辑一个子装配时，同级子装配即为"外部范围"。这些组件不考虑在当前约束系统中。

4）插入手柄组件。选择"装配"选项卡下的"组件→插入"命令，从对象文件夹列表中选择手柄组件，将它放置在远离左底座的某个位置，单击确定位置，如图 4-110 所示。

注意：在插入手柄时要将"固定组件"取消。

5）对齐手柄组件。将"手柄"与"左底座"对齐。为方便后面的对齐，将过滤器设置为"曲面"。

① 添加第一个对齐约束："实体 1"选择左底座的内孔面，在选取之前，观察零件上出现的矩形约束图标；"实体 2"选择手柄圆柱面，注意组件出现移动；选择"共面"选项，这时，组件反转其方向，如图 4-111 所示，此时两组件自动被约束为"同心对齐"。此外还应注意 2 个绿色箭头的方向，不要确定，继续选取对象进行约束。

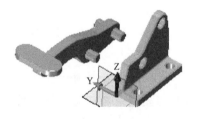

图 4-110　插入手柄

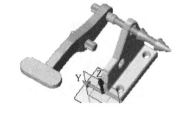

图 4-111　添加第一个对齐约束

注意：如果在完成对齐之前确定，只需在右键菜单选择"对齐"，或选择"装配"选项卡下"对齐→对齐"以重新对齐。

② 添加第二个对齐约束："实体 1"选择左底座组件的一个侧面，"实体 2"选择手柄的一个侧面，将偏移值设定为 0.1mm，使手柄和左底座的平面间有一个小间隙，选择"相反"选项，如图 4-112 所示。

图 4-112　添加第二个对齐约束

说明：这里只使用 2 个圆柱面的同心（轴）约束和 2 个零件面的重合约束，同心约束限制 2 个移动自由度和 2 个转动自由度，共面约束限制 1 个移动自由度，综合限制了 5 个自由度，尚有 1 个转动自由度没有限制，这一点可以通过选择"装配"选项卡下的"基础编辑→拖拽"命令，拖动进行验证。

6）插入夹紧臂组件。选择"装配"选项卡下的"组件→插入"命令，从文件列表中选择"夹紧臂"组件，将它放置在远离左底座的某个位置，如图 4-113 所示。

7）对齐夹紧臂组件。将"夹紧臂"与"左底座"对齐。

① 添加第一个对齐约束："实体 1"选择左底座剩下的一个内孔面，"实体 2"选择夹紧臂前端的一个圆柱面，选择"重合"选项，这时组件反转其方向，如图 4-114 所示，系统自动选择同心约束。

图 4-113　插入夹紧臂组件

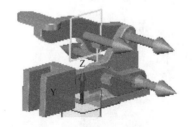

图 4-114　添加第一个对齐约束

② 添加第二个对齐约束："实体 1"选择左底座组件的一个侧面，"实体 2"选择手柄的一个侧面，将偏移值设定为 0.1mm，使手柄和左底座的平面间有一个小间隙，选择"相反"选项，如图 4-115 所示，系统自动选择重合约束。

8）插入连杆组件。选择"装配"选项卡下的"组件→插入"命令，从对象列表中选择连杆组件，将它放置在远离左底座的某个位置，如图 4-116 所示。

9）对齐连杆组件。将连杆与手柄、夹紧臂对齐。

① 添加第一个对齐约束："实体 1"选择连杆组件上的圆柱孔内表面；"实体 2"选择手柄组件上剩下的一个圆柱外表面，选择"重合"选项，如图 4-117 所示。

② 添加第二个对齐约束："实体 1"选择连杆组件上的另一个圆柱孔内表面；"实体 2"选择"夹紧臂"组件上剩下的一个圆柱外表面，选择"重合"选项，如图 4-118 所示。

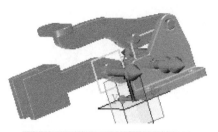

图 4-115 添加第二个对齐约束

图 4-116 插入连杆组件

图 4-117 添加第一个对齐约束

图 4-118 添加第二个对齐约束

③ 添加第三个对齐约束："实体 1"选择手柄或夹紧臂组件的一个侧面，"实体 2"选择连杆的一个侧面，将偏移值设定为 0.1mm，使手柄和左底座的平面间有一个小间隙，选择"相反"选项，如图 4-119 所示，系统自动选择重合约束。

10）插入并对齐另一个连杆组件。重复步骤 8）、9），插入连杆组件并将连杆与手柄、夹紧臂对齐，结果如图 4-120 所示。

图 4-119 添加第三个对齐约束

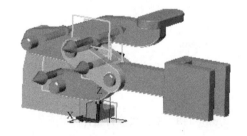

图 4-120 插入并对齐另一个连杆组件

💡 注意：连杆零件在文件夹中只有一个，但是可以多次作为组件插入到装配中。

11）插入右底座组件。选择"装配"选项卡下的"组件→插入"命令，从对象列表中选择右底座组件，将它放置在远离左底座的某个位置，如图 4-121 所示。

12）对齐右底座组件。将右底座组件的 2 个圆孔分别与手柄、夹紧臂上的圆柱面对齐。

① 添加第一个对齐约束："实体 1"选择右底座组件靠上的圆柱孔表面；"实体 2"选择手柄组件的圆柱表面，选择"相反"选项，如图 4-122 所示。

② 添加第二个对齐约束："实体 1"选择右底座组件上剩下的圆柱孔表面；"实体 2"选择夹紧臂组件的圆柱表面，选择"相反"选项，如图 4-123 所示。

图 4-121　插入右底座组件

图 4-122　添加第一个对齐约束

③ 添加第三个对齐约束："实体 1"选择手柄或夹紧臂组件的一个侧面，"实体 2"选择右底座的一个侧面，将偏移值设定为 0.1mm，使手柄和右底座的平面间有一个小间隙，选择"相反"选项，如图 4-124 所示，系统自动选择重合约束。

图 4-123　添加第二个对齐约束

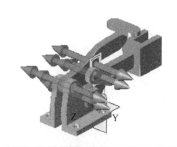

图 4-124　添加第三个对齐约束

13）检查约束状态。使用"装配"选项卡中的"查询→约束状态"命令，查看有颜色代码的图形，以帮助解释结果，可以看到，除了左底座固定、右底座有明确约束外，其他组件均为蓝色即缺少约束，如图 4-125 所示。可以通过单击"后一个"由此在各个组件中进行循环。

14）干涉检查。至此铰接夹的整个装配过程基本结束，如有必要还可以对完成的装配进行干涉检查、视图炸开等操作。

从"装配"选项卡中选择"查询-干涉检查"命令，"组件"不做选择，直接单击选项下的"检查"，如图 4-126 所示，观察装配中是否有标记为红色的部分，如果没有就表示装配部件之间没有干涉。

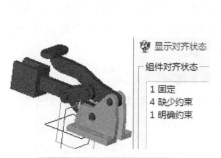

图 4-125　对齐约束查询

图 4-126　干涉检查

注意：装配体中由于手柄、夹紧臂和连杆都缺少约束，所以它们相对位置的变化，可能造成干涉检查的结果不同。

15）保存装配文件并退出装配。

二、装配动画

方法一：简单动画—不使用相机

1）打开装配。找到铰接夹文件夹，双击铰接夹装配文件，打开先前已完成的装配。

2）新建动画。选择"装配"选项卡下的"动画→新建动画"命令，或在菜单栏选择"插入→装配→新建动画"命令，在动画"输入管理器"中对时间和动画名称进行定义。"时间"根据实际需要进行设定，这里设定为10s，"名称"采用默认的"动画1"，如图4-127所示。单击"确定"之后，在动画管理器中可看到已激活、待编辑的新动画，如图4-128所示。

图4-127 新建动画

图4-128 动画管理器

说明：必选输入的时间（m：ss）是指输入动画的总时长（分钟：秒）。可选项输入的名称是用于输入新动画的名称，如果不输入任何名称，则系统会自动为该动画生成一个名称。

3）关键帧0：00。由图4-128所示动画管理器中可以看出当前时间是0：00（处于激活状态），调整装配图的视角、装配的位置和大小、手柄的位置，如图4-129所示作为当前关键帧0：00。

4）关键帧0：02。选择"动画"选项卡下"动画→关键帧"命令，弹出关键帧"输入管理器"，将"时间（m：ss）"修改为"0：02"并确定。此时在动画管理器中可看到关键帧0：02已处于激活、待编辑的新动画状态。

切换到"装配"选项卡，选择"基础编辑→拖拽"命令，"组件"选择连杆、手柄或夹紧臂，如选择手柄并单击中键确定，"目标点"没有明确位置，只要拖动一个位置即可，如图4-130所示，该位置就是关键帧0：02激活的新动画状态。

注意：在动画管理器中单击右键，在弹出的菜单中选择"关键帧"，这种方法在使用"拖拽方法"来改变关键帧的位置时更为方便；它可以在"装配"选项卡下插入关键帧，而不必进行装配与动画之间的频繁切换。

动画关键帧
设置

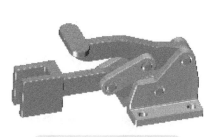

图 4-129　关键帧 0：00

图 4-130　关键帧 0：02

说明：关键帧，顾名思义，是动画中的一个关键的帧。关键帧定义了当动画参数赋予确切值时该动画所处的时间。从一个关键帧到另一个关键帧之间的参数值呈线性变化。

5）其他关键帧。重复步骤 4），就可以得到一系列的关键帧，如图 4-131~图 4-134 所示。

图 4-131　关键帧 0：04

图 4-132　关键帧 0：06

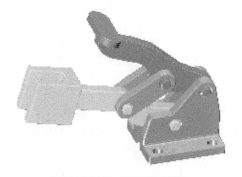

图 4-133　关键帧 0：08

图 4-134　关键帧 0：10

注意：最后一帧"关键帧 0：10"只要在其上，再选择"激活"即可（或者双击进行激活），如图 4-135 所示。

6）播放动画。选择"动画管理器"下的"播放动画"按钮，可以用于检验前面的动画设置，如图 4-136 所示。

注意：如果希望从第一帧"关键帧 0：00"开始播放，只要在其上单击右键，再选择"激活"即可。

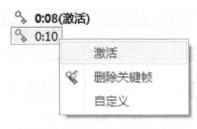

图 4-135　激活关键帧 0：10

图 4-136　播放动画

7) 录制动画。如果希望将前面制作的装配动画记录下来，可以选择"动画"选项卡下的"动画→录制动画"命令，在弹出的"选择文件…"中选择动画保存的位置和动画的保存格式，"FPS"即每秒帧数，其不用修改，采用默认的 30/s 即可，确定后，在动画保存的路径下就可以生成 AVI 格式的"动画 1"。

8) 保存结果，退出文件。

方法二：简单动画—使用相机

1) 打开装配。找到铰接夹文件夹，双击铰接夹装配，打开先前已完成的装配。

2) 新建动画。选择"装配"选项卡下的"动画→新建动画"命令，在动画"输入管理器"中对时间和动画名称进行定义。"时间"根据实际需要进行设定，这里设定为 10s，"名称"采用默认的"动画 2"，如图 4-137 所示。单击"确定"设置之后，在动画管理器中可看到已激活、待编辑的新动画，如图 4-138 所示。

图 4-137　新建动画

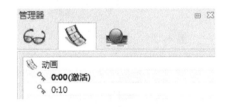

图 4-138　动画管理器

3) 关键帧 0：00。由图 4-138 动画管理器可以看出当前时间是 0：00（处于激活状态），调整装配图的视角、装配的位置和大小、手柄的位置，选择"动画"选项卡下"动画→相机位置"命令，在相机位置"输入管理器"中选择"当前视图"，如图 4-139 所示，将当前所显示的视图作为"关键帧 0：00"记录下来，如图 4-140 所示。

图 4-139　关键帧 0：00

图 4-140　相机记录关键帧位置

💡 注意：位置、观察、向上及范围这些选项的参数数值不用手动输入，可由拖拽时自动生成。

说明：位置指相机位置，仅用于激活关键帧处。观察指所指定的点与位置一起定义了一个矢量（即相机所指的方向），但是相机仍然可以沿该矢量扭转，该参数仅适用于激活关键帧。向上选项可以锁定相机的扭转。

4）关键帧 0：02。选择"动画"选项卡下"动画→关键帧"命令，弹出关键帧"输入管理器"，将"时间（m：ss）"修改为"0：02"，并确定。此时，在动画管理器中可看到关键帧"0：02"已处于激活、待编辑的新动画状态。

切换到"装配"选项卡，选择"基础编辑→拖拽"命令，"组件"选择手柄，"目标点"没有明确位置，只要拖动一个位置即可，如图 4-141 所示，该位置就是关键帧 0：02 的激活新动画状态。

选择"动画"选项卡下"动画→相机位置"命令，在相机位置"输入管理器"中选择"当前视图"，将当前所显示的视图作为"关键帧 0：02"记录下来。

5）其他关键帧。重复步骤 4），就可以得到一系列的关键帧，如图 4-142～图 4-145 所示。

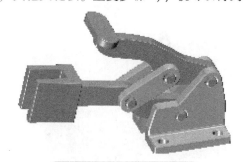

图 4-141　关键帧 0：02

图 4-142　关键帧 0：04

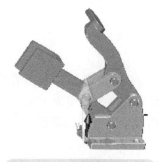

图 4-143　关键帧 0：06

图 4-144　关键帧 0：08

图 4-145　关键帧 0：10

💡 注意：最后的一帧"关键帧 0：10"只要在其上单击右键，再选择"激活"即可，如图 4-145 所示。

6）播放动画。单击"动画管理器"下的"播放动画"按钮，可以用于检验前面的动画设置。

　　💡 **注意**：如果希望从第一帧"关键帧0：00"开始播放，只要在其上<右击>，再选择"激活"即可。

7）录制动画。如果希望将前面制作的装配动画记录下来，可以选择"动画"选项卡下选择"动画-录制动画"命令，在弹出的"选择文件…"中选择动画保存的位置和动画的保存格式，确定"保存"，"FPS"即每秒帧数不用修改即用默认的30/s，确定后，在动画保存的路径就可以生成格式为AVI的"动画2"。

8）保存结果，退出文件。

方法三：角度对齐—使用相机

1）打开装配。找到铰接夹文件夹，双击铰接夹装配，打开先前已完成的装配。

2）对齐手柄组件。现将手柄朝上的平面与"XY"基准面对齐，为后续动画提供对齐基准。

选择"装配"选项卡下"对齐→约束"命令，"实体1"选择"手柄"组件上朝上的平面；"实体2"选择"XY"基准面；修改"重合"对齐为"角度"对齐，将角度值设为0°，如图4-146所示。

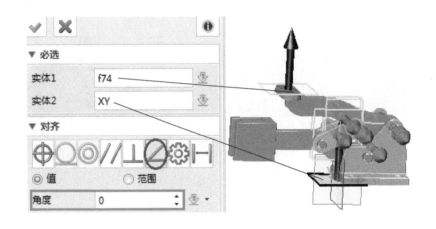

图4-146　对齐手柄平面

3）新建动画。选择"装配"选项卡下"动画→新建动画"命令，在动画"输入管理器"中对时间和动画名称进行定义。"时间"根据实际需要进行设定，这里设定为10s，"名称"采用默认的"动画3"，单击"确定"设置之后，在动画管理器中可看到已激活、待编辑的新动画。

4）关键帧0：00。当关键帧0：00处于激活状态时，右键单击"动画参数"栏，在弹出的快捷菜单中选择"参数"，如图4-147所示。单击之后出现图4-148所示的"参数列表"，从参数列表中选择"角度"对齐，双击确定选择。接着在出现的"输入标注值"中输入"0"并确定，如图4-149和图4-150所示。

将装配拖出屏幕视线之外，右键单击"动画参数"栏，在弹出的快捷菜单中选择"定义相机位置"，在弹出的窗口中选择"当前视图"并确定，将当前所显示的视图作为关键帧0：00记录下来。

💡 注意：当前关键帧0：00为空白画面。"定义相机位置"必须在"动画参数"栏单击右键，而不是在动画"关键帧"栏。

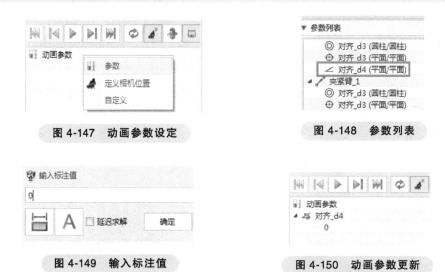

图 4-147　动画参数设定　　　　　图 4-148　参数列表

图 4-149　输入标注值　　　　　图 4-150　动画参数更新

5）关键帧0：01。右键单击动画"关键帧"栏，在弹出的快捷菜单中选择"关键帧"，如图4-151所示。将"时间（m：ss）"修改为"0：01"，并确定，将装配图移到屏幕合适位置，调整装配图的视角、装配的大小，在"动画参数"栏单击右键，选择"定义相机位置"，确定当前视图，记录关键帧0：01，如图4-152所示。

图 4-151　插入关键帧

图 4-152　关键帧0：01-0°

6）关键帧0：02。右键单击动画"关键帧"栏，在弹出的快捷菜单中选择"关键帧"，将"时间（m：ss）"修改为"0：02"，将装配图适当放大，在"动画参数"栏单击右键，选择"定义相机位置"，确定当前视图，记录关键帧0：02，如图4-153所示。

7）关键帧0：04。右键单击动画"关键帧"栏，在弹出的快捷菜单中选择"关键帧"，将"时间（m：ss）"修改为"0：04"，双击"动画参数"对齐下的"0"，在弹出的输入标注值中输入"-20"并确定，在"动画参数"栏单击右键，选择"定义相机位置"，确定当前视图，记录关键帧0：04，如图4-154所示。

8）其他关键帧。重复步骤6），就可以得到角度分别为-40°、-30°、-10°、0°的一系列关键帧，如图4-155~图4-158所示。

💡 注意：最后的一帧"关键帧0：10"双击即可"激活"，最后一帧装配经过旋转且放大。

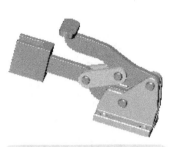

图 4-153　关键帧 0：02

图 4-154　关键帧 0：04-20°

图 4-155　关键帧 0：06-40°

图 4-156　关键帧 0：08-30°

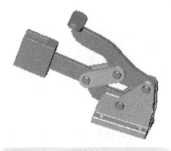

图 4-157　关键帧 0：09-10°

图 4-158　关键帧 0：10-0°

9）播放动画。选择"动画管理器"下的"播放动画"按钮，可以用于检验前面的动画设置。

10）录制动画。如果希望将前面制作的装配动画记录下来，可以选择"动画"选项卡下的"动画→录制动画"命令，在弹出的"选择文件…"中选择动画保存的位置和动画的保存格式，"FPS"即每秒帧数，不用修改，用默认的 30/s 即可，确定后，在动画保存的路径下就可以生成 AVI 格式的"动画 3"。

11）保存结果，退出文件。

学习小结

使用中望 3D 软件创建动画装配时，要从动画对象开始。动画对象是指装配得到的一个目标对象。除了该装配外，其他任何事物都无法访问动画。它不会在中望 3D 软件对象管理器中显示。这在概念上类似于零件的草图。

对齐、线框几何图形、基准面、光源及其他很多实体都可以在动画中创建并编辑。所有的编辑都仅限于该动画。这样就形成了一种类似装配但拥有更多自由的机制。在动画内部，可以在不影响实际装配约束的情况下添加并激活驱动约束。

任务 4　装配过程动画仿真

任务目标

1. 知识目标
（1）掌握动画管理器中的播放动画、录制动画命令的使用。
（2）掌握并理解各个组件的放置点对生成动画时视觉上的影响。
2. 能力目标
（1）能够使用动画管理器中的相关控制命令。
（2）能够根据要求正确地放置各个组件从而生成满意的动画。
3. 素质目标
通过动画教学中的技能培训，培养学生的审美兴趣及能力。

任务描述

完成图 4-159 所示铰接夹的装配过程动画仿真。

任务分析

中望 3D 软件的装配和输出动画的过程在前面的任务中都进行过一定的学习，本任务的目的是应用前面所学知识，以动画的形式讲解铰接夹的装配过程和装配顺序，即介绍铰接夹是如何装配的。因此，要逼真地反映出铰接夹的装配过程，在完成任务过程中各个组件的拖放位置，以及各个关键帧中出现的内容就成为仿真装配过程的关键。

图 4-159　铰接夹

任务实施

1）新建零件。双击桌面"中望 3D 2021 教育版"快捷方式，新建一个"零件/装配"文件，命名为"装配仿真"并保存。

2）插入所有组件。选择"装配"选项卡下的"组件→插入"命令（或者单击右键，选择"插入组件"），从对象列表中选择左底座、右底座、手柄、夹紧臂和连杆等所有组件，将其在屏幕上以炸开视图的方

装配过程动画仿真1

装配过程动画仿真2

式摆好。

> 💡 **注意**：插入组件时只有"左底座"选择固定组件在原点位置，其他组件只是插入但不对齐。

3）关键帧0：00。选择"装配"选项卡下的"动画→新建动画"命令，动画"时间"设定为10s，"名称"采用默认的"动画1"。

右键单击"动画参数"栏，在弹出的快捷菜单中选择"定义相机位置"，在弹出的窗口中选择"当前视图"并确定，将当前所显示的视图作为"关键帧0：00"记录下来，如图4-160所示。

4）关键帧0：01。右键单击动画"关键帧"栏，在弹出的快捷菜单中选择"关键帧"，将"时间（m：ss）"修改为"0：01"并确定。

5）对齐手柄组件。将手柄与左底座对齐。

①添加第一个约束："实体1"为左底座内孔面，"实体2"为手柄圆柱面，选择"共面"选项。

②添加第二个约束："实体1"为左底座组件的一个侧面，"实体2"为手柄的一个侧面，将偏移值设定为0.1mm。

右键单击"动画参数"栏，在弹出的快捷菜单中选择"定义相机位置"，在弹出的窗口中选择"当前视图"并确定，将当前所显示的视图作为"关键帧0：01"记录下来，如图4-161所示。

图4-160　关键帧0：00

图4-161　关键帧0：01

6）其他关键帧。重复步骤4）和步骤5），就可以得到一系列的关键帧，如图4-162～图4-165所示。

图4-162　关键帧0：04—对齐夹紧臂

图4-163　关键帧0：06—对齐连杆1

图 4-164　关键帧 0：08—对齐连杆 2　　　　图 4-165　关键帧 0：10—对齐右底座

7）播放动画。选择"动画管理器"下的"播放动画"按钮，可以用于检验前面的动画设置。

🔔 注意：如果希望从第一帧"关键帧 0：00"开始播放，只要在其上单击右键，再选择"激活"即可。

8）录制动画。如果希望将前面制作的装配动画记录下来，可以选择"动画"选项卡下的"动画→录制动画"命令，在弹出的"选择文件…"中选择动画保存的位置和动画的保存格式，"FPS"即每秒帧数，其不用修改，采用默认为 30/s 即可，确定后，在动画保存的路径下就可以生成 AVI 格式的"动画 1"。

9）保存结果，退出文件。

学习小结

本项目介绍了中望 3D 软件的装配功能，包括自底向上设计和自顶向下设计方法。自底向上是首先根据各个产品特点先创建单个零件的几何模型，再组装成子装配部件，最后生成装配部件的装配方法。自顶向下是从产品的顶层开始通过在装配过程中随时创建和设计零件来完成整个产品设计的方法。中望 3D 软件还提供了完善的装配动画功能，可以通过相关功能制作装配动画，还可以将动画输出成视频文件。

练习题

完成图 4-166 所示拉链头立体图中拉环（图 4-167）、拉片（图 4-168）、拉头（图 4-169）的三维建模并装配拉链头。

图 4-166　拉链头立体图

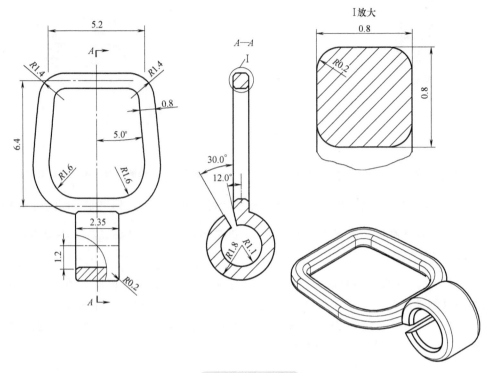

图 4-167　拉环

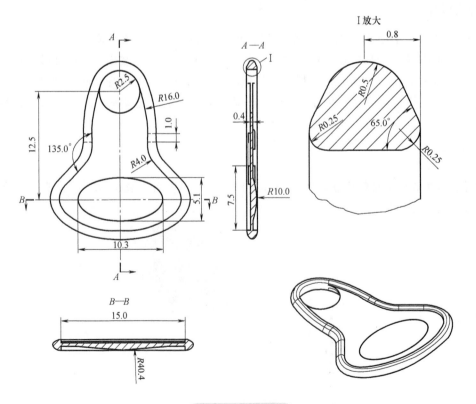

图 4-168　拉片

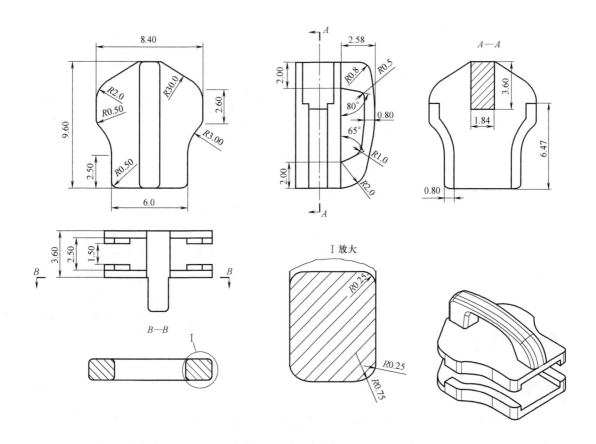

图 4-169　拉头

中望3D工程图

本项目对标"1+X"知识点

（1）初级能力要求 2.2.5 依据机械制图的标题栏的国家标准，按照工作任务要求，能准确填写零件的标题栏信息。

（2）中级能力要求 1.4.2 能依据机械制图的视图的国家标准，运用视图相关知识，能准确配置该模型的主要视图。

（3）高级能力要求 1.3.2 依据机械制图的视图、剖视图、断面图的国家标准，按照工作任务要求，能运用视图、剖视图、断面图相关知识，准确配置模型的主要视图、剖视图和断面图。

教学设计

本项目设计了 3 个任务来完成中望 3D 工程图的学习。任务 1 是定制工程图模板，主要内容是对标准的工程图模板进行一定的编辑修改，以满足个性化工程图的使用要求；任务 2 是创建鼠标底盖工程图，目的是通过简单的鼠标底盖创建工程图的一般过程，了解将 3D 零件图转为 2D 工程图的基本方法；任务 3 是我们设计了一个装配工程图，通过一个已经完成设计的 3D 模具设计装配来进行工程图的创建。中望 3D 工程图的学习在本教材的课时量不是很多，但作为工程师之间的一种交流语言，工程图的学习十分重要，工程图的表达应准确、规范，在学习中还应结合机械制图所学的知识进行本项目内容的练习。

任务1　定制工程图模板

任务目标

1. 知识目标

（1）掌握工程图模板的创建方法及使用。

（2）掌握工程图中图框和标题栏的修改和编辑。

2. 能力目标

（1）能够根据要求创建工程图模板。

（2）能够根据要求修改和编辑工程图图框和标题栏等。

3. 素质目标

（1）将机械制图与计算机绘图相关知识融入到工程图模板的创建过程中，结合实际生产工程图模板，让学生感受到工程图模板创建的重要性。

（2）通过工程图学教学和生产实际的工程图例培养学生的工程意识。

（3）在学习的过程中，学生以小组形式完成学习任务，培养学生的团队协作意识。

任务描述

完成图 5-1 所示工程图模板的创建。

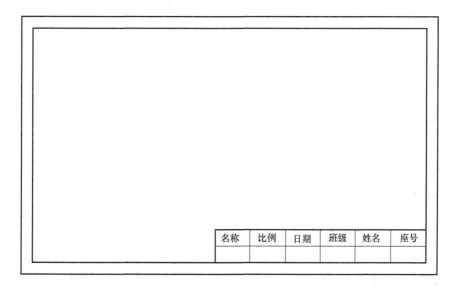

名称	比例	日期	班级	姓名	座号

图 5-1　工程图模板

任务分析

从图样中可以看出，该工程图模板并非标准的工程图模板，需要自己创建一个新的模板，因此需要完成的内容有：首先新建一个模板，然后对模板中的图框和标题栏的内容进行编辑、修改。

任务实施

一、新建工程图模板

1）新建模板。双击桌面"中望 3D 2021 教育版"快捷方式，打开"文件"下拉菜单，在菜单中选择"模板…"，如图 5-2 所示。在弹出的模板"管理器"中选择图纸的图幅，如 A4_V（GB），如图 5-3 所示。在 A4_V（GB）上单击右键，在弹出快捷菜单中选择"复制"，如图 5-4 所示。再一次单击右键，选择"粘贴"，这样就产生了一个名称为"A4_V（GB）1"的新的模板文件。右键单击"A4_V（GB）1"新文件，选择"重命名"，将模板文件的新名称改为自己需要的名称如"A4_V_me"，如图5-5所示。保存文件，记住新名称，以备后用。

图5-2 创建模板文件

图5-3 选择A4模板文件

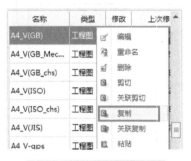

图5-4 复制A4模板文件

图5-5 重命名模板文件

💡 注意：图纸的标准是GB、ANSI或DIN并不重要，关键是选择水平（H）还是竖直（V）的图纸及图纸大小。

2）进入2D工程图。找到刚复制的模板文件"A4_V_me"，双击即可打开A4_V_me模板文件，如图5-6所示。如果不需要栅格，在DA工具栏上将栅格关闭，如图5-7所示。

💡 注意：图5-6所示管理器中的文件是模板A4_V_me。

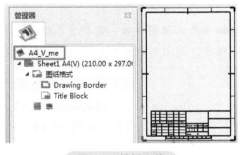

图5-6 模板文件

图5-7 关闭栅格

二、编辑新模板的图框

在左边管理器窗口下找到"图框"，单击右键，在弹出的快捷菜单中选择"编辑"，进入图框编辑环境，如图5-8所示。

注意：右键单击位置不同，弹出的快捷菜单的内容也不同，要编辑图框，必须在"图框"上单击右键。

删除图框上的所有数字、字母、短线和箭头，只保留内、外边框的线段，编辑结果如图 5-9 所示。退出编辑状态，保存文件。

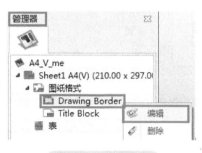

图 5-8　编辑图框

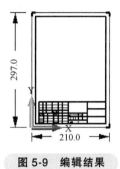

图 5-9　编辑结果

三、编辑新模板的标题栏

编辑标题栏的操作可以参考上一步骤，在左边管理器窗口找到"标题栏"，单击右键，在弹出的快捷菜单中选择"编辑"，进入标题栏编辑环境。

1) 删除线段。在标题栏上选取不需要的线段，按键盘上的<Delete>键进行删除操作，用同样的方法将标题栏上的函数删除，只保留 [$ part_name] 和 [$ Sheet_scale] 两个函数，如图 5-10 所示。

2) 移动标题栏。选择"草图"选项卡下的"基础编辑→移动"命令，将标题栏移到边框位置，如图 5-11 所示。

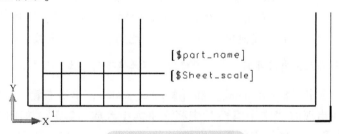

图 5-10　删除多余线段

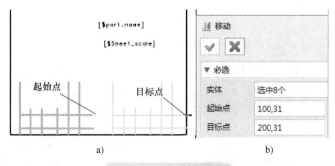

a)　　　　　　　　　　b)

图 5-11　移动标题栏

注意：标题栏的编辑是在草绘环境下进行的。

3）修剪线段。选择"草图"选项卡下的"编辑曲线→单击修剪"命令，将标题栏上的6段竖线进行修剪，如图5-12所示。

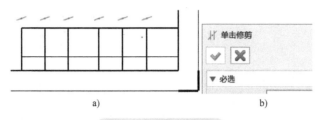

a)   b)

图 5-12　修剪标题栏

4）标注尺寸。选择"约束"选项卡下"快速标注"命令，将标题栏进行尺寸约束，如图5-13所示。

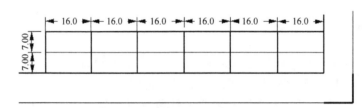

图 5-13　标注标题栏尺寸

注意：在标注尺寸的过程中，可能还要进行一些必要的修剪。

5）添加文字。选择"草图"选项卡下的"绘图→文字"命令，在标题栏上输入需要的文字。单击标题栏上的第一个单元格，在"文字"栏输入"名称"，字体改为"宋体"，字号改为"3"，如图5-14所示。其他单元格类似填上比例、日期、班级、姓名、座号。

注意：当标题栏上有汉字时，必须要修改文字属性下的字体，否则显示的是"＊"号。

6）修改属性。选中［＄part_name］和［＄Sheet_scale］，单击右键，在弹出的快捷菜单中选择"属性"，在出现的"文字属性"中将文字大小改成"2.5"，如图5-15所示。再将［＄part_name］函数移到名称下方的单元格中，将［＄Sheet_scale］移到比例下方的单元格中，完成标题栏的编辑。

图 5-14　设置标题栏文字属性

图 5-15　修改文字属性

7）保存文件。编辑结果如图5-16所示。保存文件，退出编辑状态，再退出模板文件，最后关闭中望3D软件。

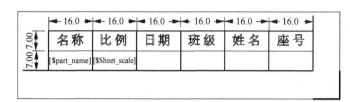

	16.0	16.0	16.0	16.0	16.0	16.0
7.00 7.00	名称	比例	日期	班级	姓名	座号
	[$part_name]	[$Sheet_scale]				

图 5-16　编辑结果

四、使用工程图新模板

双击桌面快捷方式打开中望3D软件，新建一个名称为"零件001.Z3"的空文件，进入到中望3D软件的零件层级。

在桌面空白处单击右键，在弹出的菜单中选择"2D工程图"，如图5-17所示。选择模板列表中刚刚新建成的模板文件"A4_V_me"，如图5-18所示。确定以后即可进入到工程图环境。

图 5-17　选择 2D 工程图

图 5-18　选择模板文件

学习小结

在工程图的实际使用当中，如果觉得国标或其他标准工程图模板不是很合适，应用本任务所学知识，定制适合所需的工程图模板，在使用其他3D软件时，对模板的编辑和修改方法也与本任务相似。

任务2　创建鼠标底盖工程图

任务目标

1. 知识目标

（1）掌握常用视图工具投影、全剖视图、局部剖视图、局部视图等的使用方法。

（2）掌握尺寸的标注方法，几何公差、基准特征的创建。

（3）掌握尺寸的编辑和文字属性的应用。

2. 能力目标

（1）能够根据要求创建投影视图、全剖视图、局部剖视图、局部视图等。

（2）能够创建尺寸标注，几何公差、基准特征等。

（3）能够进行尺寸的编辑、文字属性修改等。

3. 素质目标

（1）将机械制图与计算机绘图相关知识融入鼠标底盖工程图的创建过程中，培养学生理论联系实际的思想意识。

（2）通过文字设置、尺寸标注、公差标注等培养学生执行国家标准的意识和严谨的工作态度。

（3）在学习的过程中，学生以小组形式完成学习任务，培养学生的团队协作意识。

任务描述

完成图5-19所示鼠标底盖工程图的设计。

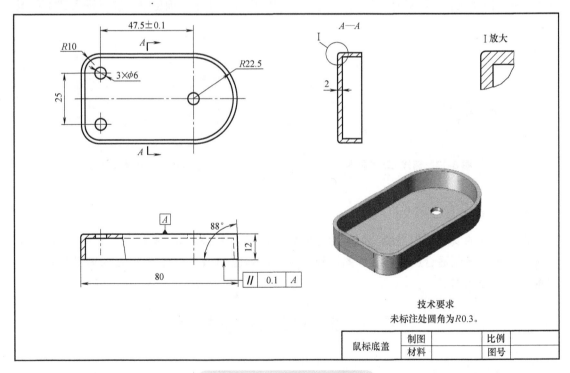

技术要求

未标注处圆角为R0.3。

鼠标底盖	制图		比例	
	材料		图号	

图5-19　鼠标底盖工程图

任务分析

本任务中的图样要求创建的内容都是最基本的，在实际的工作中都会用到。图样只给了一个简单的零件图，要求转化为2D工程图，目的是要学会最基本的方法。完成本任务首先是利用中望3D软件进行4个视图的布局，完成视图框架的构建；接着对4个视图进行适当的编辑和修改，尽量做到与给定的图样要求相符，对未能详尽表达之处可以通过补充视图加以完善，如图样中的局部视图、局部剖视图；最后，对3个视图进行尺寸标注和完善，进而完成整个鼠标底盖工程图。

任务实施

一、创建一个四视图布局

1）加载零件。双击桌面"中望3D 2021教育版"快捷方式，打开"鼠标底盖"零件文件，激活零件层。

2）选择模板。在桌面空白处单击右键，在弹出的快捷菜单中选择"2D工程图"，并在弹出的对话框中将"选择模板…"下选项改成"GB_CHS"以方便选择，根据鼠标底盖零件的大小选取合适的模板，这里建议使用A4_H（GB_chs）模板或自定义的模板，如图5-20所示，单击"确定"进入工程图环境。

💡 **注意**：应该在桌面空白处单击右键，而不是在零件上。

3）视图布局。

① 放置第一个视图。选择好工程图模板后，系统自动调用模板，选择默认的视图为"顶视图"，这样就可以用鼠标直接在屏幕上单击选择视图所放置的位置。选择放置的位置时不必太在意"位置"框内的数值，如图5-21所示。

图5-20　选择模板

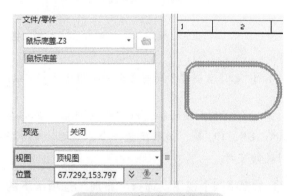

图5-21　放置第一个视图

说明："位置"是指选择视图的位置。移动光标至顶部、底部、左边或右边，将创建该方向上的一个投影视图。

② 放置第二个视图。放置好第一个视图后，移动鼠标可以观察到第二个视图的位置会随着鼠标位置的变化而变化，并且还用一虚线进行对齐约束，既可以为前视图，也可以为右视图或左视图等。将鼠标移到顶视图正下方的合适位置，单击即为第二个视图的放置位置，如图5-22所示。单击"确定"，退出投影。

说明："投影"是指创建视图时设定使用的投影类型，中望3D软件支持第一视角与第三视角投影。

为了提高二维工程图的可读性，世界各国都采用正投影法绘制技术图样，国际标准 ISO 128：1982 中规定，第一视角和第三视角画法在国际技术交流和贸易中都可以采用。例如，中国、俄罗斯、英国、德国、法国等国家采用第一视角画法，美国、日本、澳大利亚、加拿大等国家采用第三视角画法。

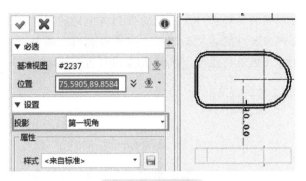

图 5-22　前视图

"样式"是指选择一个配置好的样式。对话框中的所有视图属性都会显示为该样式设置好的默认值，中望 3D 软件默认提供了 5 种工程图视图样式。

③ 放置第三个视图。选择"布局"选项卡下的"视图→全剖视图"命令，在"基准视图"中选择"顶视图"，在"点"选择框中选取图 5-23b 中的 2 点，将光标拖到顶视图的右侧适当位置，确定剖视图的位置，如图 5-23 所示。

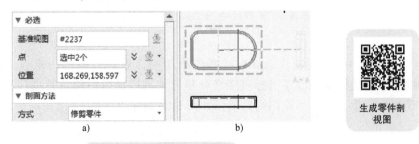

生成零件剖视图

图 5-23　放置第三个视图

注意：当剖视方向与要求方向相反时，可以通过勾选"反转箭头"来反转剖视箭头。

说明：系统生成的标签以字母 A 开头，忽略字母 I、O 和 Q。字母 Z 使用后，标签转到 AA、BB、CC 等。如果接受一个系统生成的标签，将会使用字母表中存在的下一个没有用过的字母。

④ 放置第四个视图。选择"布局"选项卡下的"视图→标准"命令，在"零件/文件"栏下选择"鼠标底盖"，在"视图"选择下拉列表框中的"左前上轴测"，将光标拖到适当位置，确定轴测图的位置，如图 5-24 所示。确定位置后退出投影，至此完成了 4 个视图的布局。

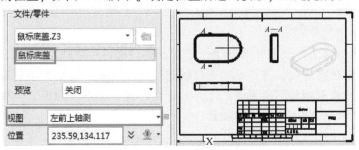

图 5-24　放置第四个视图

4）调整视图。选中需要移动的视图直接拖动即可，只是由于视图之间的对齐关系可能会导致其他视图的移动。

💡注意：剖线的长短也是可以拖动的，只要将光标放于剖线的端点处就可直接拖动。

二、编辑视图

1）编辑顶视图。双击顶视图（或者在顶视图上单击右键，在弹出的快捷菜单中选择"属性"），系统弹出"视图属性"，在"通用"选项卡下，单击"显示消隐线"和"显示中心线"图标取消消隐线和中心线的显示，如图5-25所示。

图5-25　编辑顶视图

💡说明：使用"显示中心线"命令可自动显示孔、圆柱面和圆锥面的中心线。"显示螺纹"是指如果该零件在孔上有附加螺纹属性，它们可以显示在新的布局视图中；在工程图中，它们被称为装饰螺纹，这些选项仅影响螺纹的显示效果。

💡注意：由于该零件没有螺纹，因此是否显示螺纹对本视图的显示结果没有影响。

2）编辑剖视图。双击剖视图中的剖面线，系统弹出"填充属性"，在"图案"列表中选取合适的图案，在填充"属性"下将"间距"改为"2"，如图5-26所示。

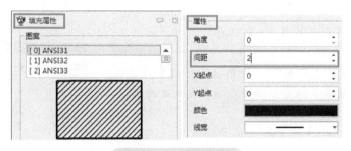

图5-26　编辑剖视图

💡说明：填充属性对话框的内容较多，其中"图案"指从列表中选择一个填充图案，该填充图案将显示在预览窗口中，下拉列表显示了69种标准的填充图案。"角度"用于输入角度，以定义填充图案按逆时针方向旋转的角度。"间距"用于设置填充之间的距离。"X起点"和"Y起点"用于改变创建填充图案的原点X、Y的坐标，编辑原点将改变该图案使其符合所选边界。"颜色"和"线宽"用于设置填充的颜色和线宽，从弹出菜单中选择所需属性。

3）编辑轴测图。双击轴测图将它激活，在"通用"选项卡下，选择"着色"模式，注意观察"显示中心线"和"显示螺纹"的变化，如图5-27所示。

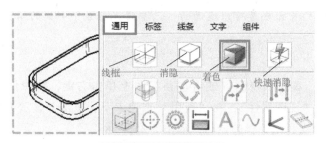

图5-27　编辑轴测图

说明："通用"选项卡下的"线框""消隐""着色""快速消隐"等可以设置线框、消隐线、着色或快速消隐等显示模式。三维零件的曲线（如线框）显示在工程图之前会先进行消隐处理。如果曲线或部分曲线被零件隐藏起来，可以通过"消隐"模式来显示。

4）编辑前视图。双击前视图将它激活，在"通用"选项卡下取消"显示中心线"，选取"显示3D基准点"，如图5-28所示。确定选择后，前视图上方中央出现一个小十字标，即为3D基准点。

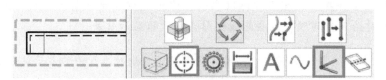

图5-28　编辑前视图

说明：如果单击"显示3D基准点"图标，基准最初显示为红色的"+"。可以使用"点属性"对话框（对点单击右键选择"属性"或"属性→编辑"命令）改变它的属性。基准点将增加到视图中，而且是可标注的，如图5-29所示。

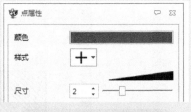

图5-29　编辑3D基准点

三、编辑零件文件

在实际的建模和工作过程中，从产品的设计到方案的最终定稿往往要经过多次修改方可完成。为进一步学习中望3D软件的功能，在这里人为对零件文件进行一些修改，在零件层为零件增加3个小孔，而后再返回工程图层，对工程图进行更新，以模拟实际的工作过程。具体步骤如下：

1）绘制草图。单击DA工具栏上的"退出"，如果仍在工程图层，双击管理器下的"鼠标底盖"零件，如图5-30所示，进入到鼠标底盖零件层。

选择"造型"选项卡下的"基础造型→插入草图"命令，草绘平面为"XY"基准面，选择"绘图→圆"工具，绘制3个φ6mm圆的草图并标注尺寸，如图5-31所示。

思考：图5-31中草图尺寸30.0mm、25.0mm和17.5mm在标注时为何会加上括号？

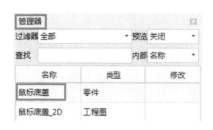

图5-30 绘制草图

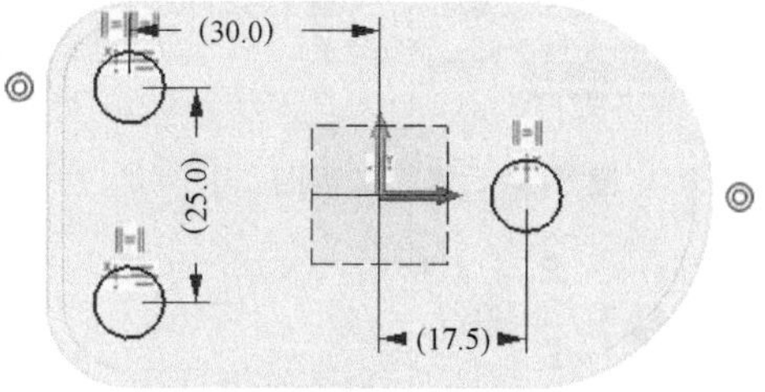

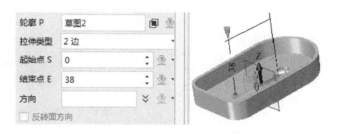

图5-31 绘制圆并标注尺寸

2）拉伸切除实体。选择"造型→拉伸"命令，"轮廓P"为刚绘制的草图，"布尔运算"为"减运算"，"拉伸类型"为2边，"起始点S"默认为"0"，"结束点E"超过厚度即可，如图5-32所示。

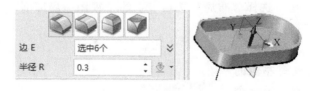

图5-32 拉伸切除实体

💡 注意：如果在草图中的零件为着色视图，可使用<Ctrl+F>键取消着色，以便选取草图。

3）实体圆角。使用"造型→圆角"特征功能，对鼠标底盖设置一个R0.3mm的圆角，如图5-33所示。

图5-33 创建实体圆角

4）保存并退出零件。保存零件，单击DA工具栏上的"退出"小图标，退出零件层。

5）返回工程图。退出零件层后，在管理器下双击图5-34所示的"鼠标底盖_2D"，重新激活2D工程图，这时系统会弹出图5-35所示的警告框，提示工程图需要重新生成，选择"是（Y）"进入工程图层，确认工程图是否已修改。

图 5-34 返回工程图

图 5-35 警告窗口

四、补充视图

视图更新之后，原有的视图布局可能不足以表达工程图的完整性，可再补充 2 个视图，一个为局部视图，另一个为局部剖视图，添加过程如下：

1）插入局部视图。选择"布局"选项卡下的"视图→局部"命令，在"局部"管理器下，使用"圆形局部视图"，"基准视图"选择全剖视图，在"点"框中选择全剖视图左上角的两个点，一个为圆心点，另一个为半径点。在所绘制的圆的周围的合适位置放置"注释点"A，局部视图的缩放"倍数"根据需要选取，这里仅作为功能的演示设为 2 倍。单击"位置"框，将光标拖到适当位置，确定局部视图的位置，如图 5-36 所示。

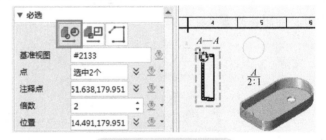

图 5-36 插入局部视图

说明：必选输入中的"圆形局部视图"，可以通过点参数指定圆形局部视图的圆心和半径点。"矩形局部视图"，可以通过点参数指定矩形局部视图的两个对角点。"多线段局部视图"，可以通过点参数指定多线段局部视图的所有对角点。

"基准视图"的选择用来创建局部视图的布局视图。"点"用于选择圆心点、直径点、对角点或多线段点来确定局部视图的边界，这取决于以上所选的图标类型。"注释点"用于选取注释的位置。"倍数"用于输入局部视图的缩放比例。"位置"用于选择局部视图的位置。

2）插入局部剖视图。选择"布局"选项卡下的"视图→局部剖"命令，在"局部剖"管理器下，使用"圆形边界"，"基准视图"选择前视图，在"边界"框中选择前视图左侧的两个点，一个为圆心点，另一个为半径点。以点作为"深度"的参照，"深度点"选择图 5-37 所示圆的中心线，"深度偏移"根据需要选取，这里取 0。确定所做的设置。

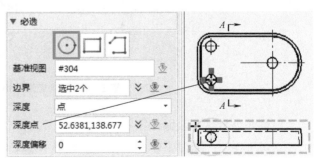

图 5-37 插入局部剖视图

💡 注意：为了更好选取圆的中心位置，可以先将顶视图的中心线显示出来，完成该步骤后再进行消隐。

说明：局部剖视图是指零件内部的剖视图，即零件视图被切去部分后显示零件内部的剖视图。当创建一个局部剖视图时，首先选择要修改的基准视图，然后在基准视图上需要剪去的部分绘制一个圆、矩形或多线段边界，最后定义剖视零件的平面。局部剖视图会直接修改选择的基准视图，而不是像创建局部视图一样重新创建一个新视图。

3）编辑局部剖视图。双击局部剖视图中的剖面线，系统弹出"填充属性"，在"图案"列表中选取合适的图案，在填充"属性"下将"间距"改为"2"并确定。

五、标注尺寸

1）前视图的标注。双击前视图将它激活（不能双击在前视图的模型线条上），在弹出的"视图属性"的"通用"选项卡下，选取"显示零件标注"，如图5-38所示。确定选择后在前视图的相应位置上应该出现尺寸标注，但在本例却不会出现，其原因是局部剖视图的位置也在尺寸标注的位置，因此可以改为手动标注前视图。

说明："显示零件标注"用于将所有平行于视图平面的零件标注显示出来。

① 线性尺寸的标注。选择"标注"选项卡下的"标注→线性尺寸"命令，标注零件的高度、长度，如图5-39所示。

图5-38　显示零件标注

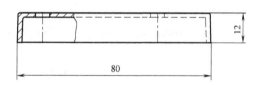

图5-39　标注线性尺寸

说明："标注"是在草图/工程图层级，使用此命令，通过选择一个实体或选定标注点进行标注。根据选中的实体、点和命令选项，此命令可创建多种不同的标注类型。相切圆弧/圆采用两点法进行标注。在此命令过程中，会自动调用"智能选择"功能。

② 角度尺寸的标注。选择"标注"选项卡下的"标注→角度"命令，标注零件的拔模斜度，如图5-40所示。

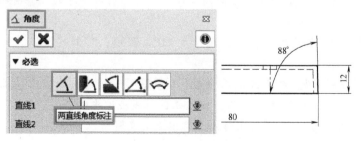

图5-40　标注角度尺寸

说明："角度"标注命令用于在草图和工程图层级上创建2D角度标注。该命令支持各种不同类型的标注，包括两直线、水平、垂直和弧长标注。在工程图下，双击创建的标注可对其进行编辑。角度标注的方式有如下几种：

a."两直线角度标注"。在两直线间创建角度标注，必选输入是通过选取直线1和直线2两条直线，并通过指定标注的角度值所处的象限进行标注的。

b."水平角度标注"。在直线及其最近水平参照点之间创建角度标注。

c."垂直角度标注"。可在直线及其最近垂直参照点之间创建角度标注。

d."三点角度标注"。创建由三点定义的角度标注。第二个点定义角度的顶点，该方法只可在工程图级上使用。

e."弧长角度标注"。创建弧长的角度标注。

2）顶视图的标注。顶视图的标注可以采用前面的标注方法来完成，这里用"半径/直径"进行标注，即选择"标注"选项卡下的"标注→半径/直径"命令，如图5-41所示。

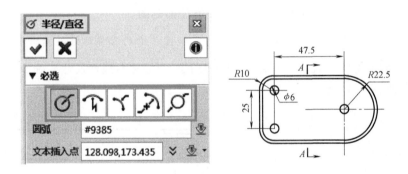

图5-41 顶视图的标注

说明："半径/直径"标注命令，用于创建草图及工程图的2D半径标注，可以创建半径、直径、折弯、引线和大半径等标注，在工程图层级，双击创建的标注可对其进行编辑。角度标注的方式有：

①"半径标注"。此标注类型根据圆弧、曲线或圆的中心创建半径标注。其必选输入需要选择要标注的弧或圆，还需指定标注文本的位置。

②"折弯半径标注"。此标注类型只适用于2D工程图，可创建圆弧、曲线或圆的折弯半径标注。必选输入需选择要标注的圆弧或圆，选择引线折弯的点，再指定标注文本的位置即可。

③"大半径标注"。此标注类型只适用于2D工程图，可创建圆弧、曲线或圆的半径引线标注。

④"引线半径标注"。也是只适用于2D工程图，可创建圆弧、曲线或圆的引线半径标注。该指令与"大半径标注"相似，不过强制引线经过中心。

⑤"直径标注"。该命令的使用可以参考以上的几种标注方法。

3）标注全剖视图。全剖视图的标注比较简单，参考前面即可，结果如图5-42所示。

六、完善标注

1）字号设置。选择"工具"选项卡下的"属性→样式管理器"命令，在样式管理器中单击"线性"，在"线性标注样式"下选择"文字"，在"文字形状"下将线性标注的字号改为"2.5"，如图5-43所示。确定所做的修改，在工程图上很容易看出，只有线性尺寸的字号被修改而其他标注如"角度""半径/直径"等都没有发生变化。通过同样的方法将"角度""半径/直径"等的字号修改为"2.5"。

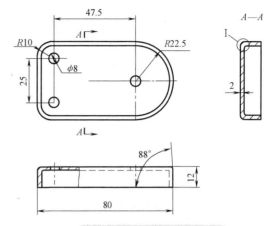

图5-42　三个视图的标注

图5-43　字号设置

说明："样式管理器"是一个基于样式的标准管理器，用户可以通过它方便地管理和编辑图纸标准与样式。样式是指一组定义好的属性的集合，标准则是一组样式的集合。"文字形状"主要用于设置如下内容：

①"文字大小"。将文字高度、文字宽度、文字垂直间距、文字水平间距等设置为数值型字段，数值是以默认的草图或工程图为单位测量的。

②"倾斜角"。输入每个字符的倾斜角度，以°为单位。如果为0，各个字符是垂直的。正值往右倾斜，负值往左倾斜。

2）添加公差。选择"标注"选项卡下的"编辑标注→修改公差"命令，弹出"修改公差"对话框，在"实体"框中选取47.5mm和25mm两个中心距尺寸，单击中键结束选取，修改"设置"下的公差形式为"等公差"，并将公差值设定为±0.1mm，如图5-44所示。

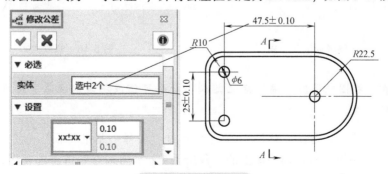

图5-44　添加公差

说明："修改公差"是工程图级命令，它可以修改图样上的尺寸公差。首先选择要修改的尺寸标注，然后选择公差形式的图标，并输入公差值。公差的形式在可选输入项有9项可供选择：

① "无公差"。

② "公差极限"。即将上极限偏差输入到上公差字段，将下极限偏差输入到下公差字段。

③ "不等公差"。是将上极限偏差输入到上公差字段，将下极限偏差输入到下公差字段。

④ "等公差"。将等公差值输入到上公差字段。

⑤ "基本公差"。它没有上下公差字段。

⑥ "参考公差"。它指公差包含在括号中。

⑦ "不缩放公差"。即公差在线上。

⑧ "公差带"。

⑨ "配合公差"。

3）修改标注。双击顶视图 φ6mm 尺寸将它激活，在弹出的"标注编辑器"对话框的编辑器框中输入"3×[Val]"，以表示有 3 个 φ6mm 的孔，如图 5-45 所示。

说明：使用"标注编辑器"对话框可创建单独的标注文本。该对话框允许将特殊字符和符号插入到文本，参考图 5-45 中的特殊字符和符号。对话框的标题会根据具体应用在文字编辑器和标注编辑器之间变化。

在确定插入的文本后还要再一次确定"修改文本"，操作过程及结果，如图 5-46 所示。类似可以将"R10"改为"2×R10"。

图 5-45　"标注编辑器"对话框

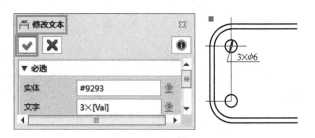

图 5-46　修改文本

说明：在工程图级使用"编辑标注文本"命令可修改标注的文本。该命令可使用用户文本代替标注值。

4）插入基准特征。选择"标注"选项卡下的"注释→基准特征"命令，在"基准特征"对话框中，"实体"选取前视图上的一条边，"文本插入点"选择前视图的上方单击即可，将"定位符号大小"改为"2.5"并确定，如图 5-47 所示。

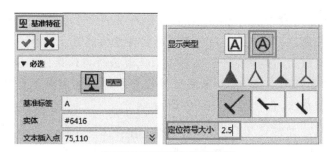

图 5-47 插入基准特征

说明："基准特征"属于工程图级的命令，该命令用于创建几何公差基准特征符号，可以指定符号框的形状及定位符号的类型。

5) 插入几何公差。选择"标注"选项卡下的"注释→形位公差"命令，在"形位公差符号编辑器"对话框中，几何公差符号选择"平行度"，在"公差1"框中输入公差值为"0.1"，在"基准"框中输入基准 A，如图 5-48 所示。

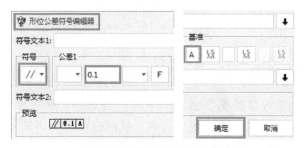

图 5-48 几何公差的设置

说明："形位公差"命令可用于创建几何公差符号。输入 FCS 文字，也可以通过文本编辑器/标准编辑器（在图形界面单击右键）编辑，指定一个位置可用于定位该符号。

当确定"形位公差符号编辑器"后，系统要求对"形位公差"对话框进行设置。其中"FCS 文字"由确定"形位公差符号编辑器"中的内容后自动生成，所要做的就是在屏幕上选取一点放置几何公差即可，这就是"位置"框的作用，而"引线插入点"只要选取前视图上的一条边即可，如图 5-49 所示。

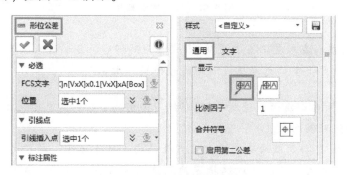

图 5-49 设置形位公差

说明："FCS 文字"通过文本编辑器/标准编辑器创建几何公差文本，该文字将在此处显示，可对其进行修改。"位置"指定几何公差符号的位置，选择一个点即可定位公差框的位置，如需要引线，选择的第一个点即是引线箭头所指位置，后续选择的点用于定义引线的其他部分。"引线插入点"，如果希望将该符号加到 1 个或多个引线箭头上，选择多个点用于定位这些箭头。

6）修改剖面符号。在符号 A—A 上单击中键，在弹出的快捷菜单中选择"属性"，在文字属性的"选项"框下将字高改为"2.5"或"3"，如图 5-50 所示。

双击顶视图上的符号 A，在弹出的"属性"对话框中选择"文字"选项，将其字高改为"3"后确定，如图 5-51 所示。类似地，将局部放大图上的字高也改为"3"。

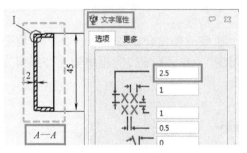

图 5-50　修改剖面符号

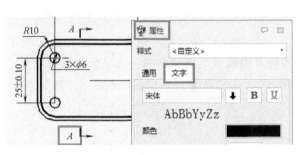

图 5-51　修改文字高度

7）插入技术要求。选择"绘图"选项卡下的"绘图→文字"命令，在"文字"对话框的必选项下选择"在文字点"，然后在"文字"框内输入图 5-19 所示中技术要求的内容，并将字高改为"2.5"，如图 5-52 所示。

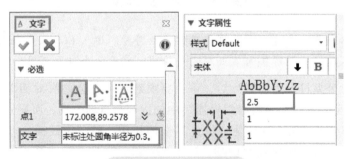

图 5-52　插入技术要求

💡注意：将技术要求在记事本或 Word 文档中写好后再复制过来较为方便。如果技术要求中的内容为中文，在"文字属性"中应该使用"宋体"。

说明："文字"命令属于草图/工程图层级，使用此命令创建草图、工程图级的 2D 文字有如下三种方法可供选择。

①"在文字点"。使用此命令创建从某点开始的左对齐文字。对新文本可通过"文字属性"对话框进行设置。可以通过编辑器输入选项加入特殊字符。首先，输入文字，或单击右键，选择编辑器，然后，选择一个点以定位文本。

②"对齐文字"。使用此命令创建从某点开始的左对齐文字。第二个点用于定义文本对齐方式，对新文本可通过"文字属性"对话框进行设置。也可通过可选输入对其进行修改，通过编辑器输入选项指定另一种文本字体，或加入特殊字符。

③"方框文字"。使用此方法创建由两点定义的方框中垂直居中的文字。对新文本可通过"文字属性"对话框进行设置，也可通过下面的可选输入对其进行修改，如果将可选输入的"更多"选项卡中的"水平对齐"设为"居中"，文字将在水平方向上居中，该框只用于对齐。

不能更改文字高度以适应文本框，可以通过编辑器输入选项指定特殊字符。

8）保存文件，退出零件。

学习小结

本任务主要介绍创建简单的鼠标底盖零件的工程图的整个过程，介绍了中望3D软件的二维工程图创建的一般方法，重点学习视图的投影、全剖视图、局部剖视图、局部视图及视图中尺寸的标注方法，几何公差、基准特征的创建，中心标记的使用和文本文字的插入等创建工程图过程中经常使用的一些命令。另外，本任务还重点介绍了尺寸的编辑、标注文字大小的修改、3D坐标点的显示等功能。

任务3　装配工程图

任务目标

1. 知识目标

（1）掌握装配工程图的生成和布局方法。

（2）掌握剖面线和BOM表的编辑。

（3）掌握辅助视图的使用。

2. 能力目标

（1）能够根据要求创建装配工程图。

（2）能够合理布局装配工程图。

（3）能够进行剖面线和BOM表的编辑。

（4）能够正确使用辅助视图。

3. 素质目标

（1）将机械制图与计算机绘图相关知识融入到装配工程图的创建过程中，培养学生理论联系实际的意识。

（2）通过装配工程图的布局，培养学生的工程图读图能力和工程思维。

（3）在学习的过程中，学生以小组形式完成学习任务培养学生的团队协作意识。

任务描述

完成图5-53中阀体装配工程图的设计。

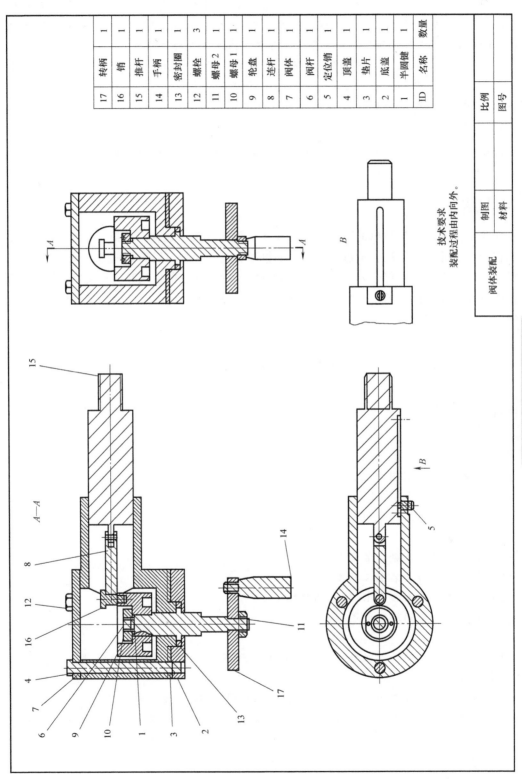

ID	名称	数量
17	转柄	1
16	销	1
15	推杆	1
14	手柄	1
13	密封圈	1
12	螺栓	3
11	螺母2	1
10	螺母1	1
9	轮盘	1
8	连杆	1
7	阀体	1
6	阀杆	1
5	定位销	1
4	顶盖	1
3	垫片	1
2	底盖	1
1	半圆键	1

比例　图号

制图　材料

阀体装配

技术要求
装配过程由内向外。

图 5-53　阀体装配工程图

任务分析

　　装配工程图的创建过程与前面所学的零件工程图的创建过程基本上是一样的，但装配工程图所要表达的侧重点与零件工程图有所不同。

任务实施

一、创建一个四视图布局

　　1) 加载阀体装配。双击桌面"中望3D 2021 教育版"快捷方式，打开"阀体"零件文件，在管理器列表中双击"阀体装配"，激活装配体，如图 5-54 所示。

装配工程图1　　装配工程图2　　装配工程图3

　　2) 选择模板。在桌面空白处单击右键，在弹出的快捷菜单中选择"2D 工程图"，并在弹出的"选择模板…"对话框中根据阀体装配体的大小选取合适的模板，这里选用任务 1 中的自定义模板 A4_H-gps，如图 5-55 所示，单击"确定"，进入工程图环境。

图 5-54　加载阀体装配

图 5-55　选择模板

　　💡 注意：应该在桌面空白处单击右键，而不是在零件上。

　　3) 视图布局。

　　① 放置第一个视图。选择好工程图模板后，系统自动调用模板，将视图改为"左视图"、比例改为 2：3 后，用鼠标在屏幕上合适位置单击，放置第一个视图，如图 5-56 所示。

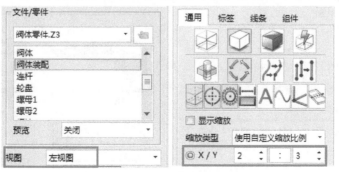

图 5-56　放置第一个视图

单击"√"确定，退出投影。

② 放置第二个视图。第二个视图为全剖视图。在"布局"选项卡下选择"视图→全剖视图"命令，"基准视图"选取刚刚放置的左视图，"点"选取竖直方向中心线上的两个点，单击中键结束点的选择。移动鼠标可以观察到第二个视图会随着鼠标位置的变化而变化，并且用一虚线进行对齐约束，将全剖视图放于左侧合适位置，单击放置第二个视图，如图 5-57 所示。单击"√"确定，退出投影。

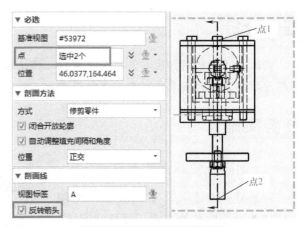

图 5-57　放置第二个视图

> 注意："点"的选取可以通过单击右键，在弹出的快捷菜单中选择"两者之间"进行选取。如果剖视的箭头方向不正确，可以通过图 5-57 中的"反转箭头"选项进行方向的切换。

③ 放置第三个视图。选择"布局"选项卡下的"视图→投影"命令，在"基准视图"中选择第二个视图（全剖视图），将光标拖到视图正下方的适当处，确定视图位置，如图 5-58 所示。

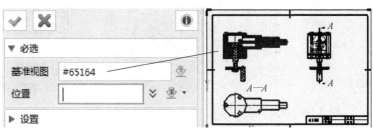

图 5-58　放置第三个视图

选择"布局"选项卡下的"视图→局部剖"命令，在"基准视图"中选择第三个视图，使用"矩形边界"功能将第三个视图都框选在矩形边界内，"深度点"选择第二个视图的中心线或推杆的轴线与端面的交点，深度点不偏移，如图 5-59 所示。确定操作后退出局

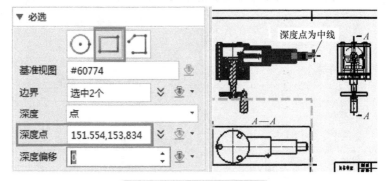

图 5-59　放置局部剖视图

部剖视图，至此完成了 3 个视图的大体布局。

4）调整视图。选中需要移动的视图，然后直接拖动即可，只是由于视图之间的对齐关系，可能会导致其他视图的移动。

二、编辑视图

1）编辑第一个视图。双击第一个视图（或者在左视图上单击右键，在弹出的快捷菜单中选择"属性"），系统弹出"视图属性"，在"通用"选项卡下单击"显示消隐线"和"显示中心线"，取消消隐线和中心线的显示，如图 5-60 所示。

图 5-60　编辑第一个视图

2）编辑剖面线。双击剖视图中的剖面线，系统弹出"填充属性"，在"图案"列表中选取合适的图案（这里使用默认即可），在"属性"下将"间距"改为"2"，如图 5-61 所示。用同样的方法将所有的剖面线都做适当的修改。

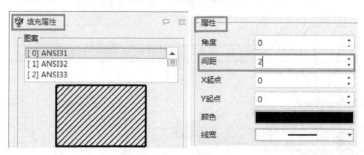

图 5-61　编辑剖面线

3）编辑文字属性。在第二个视图中的"A—A"上单击右键，在弹出的快捷菜单中选择"属性"，将选项下字的高度改为"3"，如图 5-62 所示。同样将第一个视图中文字 A 的高度改为"3"，如图 5-63 所示。

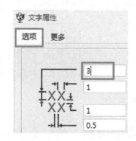

图 5-62　编辑第二个视图的文字属性

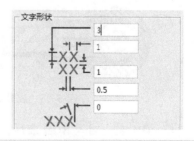

图 5-63　编辑第一个视图的文字属性

三、插入 BOM 表

1）插入 BOM 表。在布局选项卡下，选择"表→BOM 表"命令，"视图"选择第二个视图，"名称"可以按照自己的需要命名，如输入 DSE，在表格的"列"选项下，选取 BOM 表中不需要的 ID，如"成本"，再单击三角符号"◀"将"成本"移到左边，将表格的升降顺序由 Z→A 改为 A→Z，如图 5-64 所示。确定设置后，然后在工程图中找到合适的位置放置 BOM 表。如图 5-65 所示。

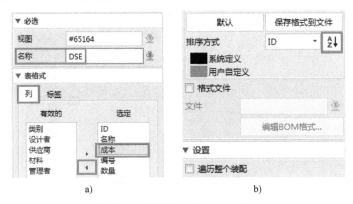

图 5-64　插入 BOM 表的设置

在标注选项卡下，选择"注释→自动气泡"命令，"视图"选择第二个视图，单击"确定"后自动在第二个视图周围创建气泡序号标注，如图 5-65 所示。

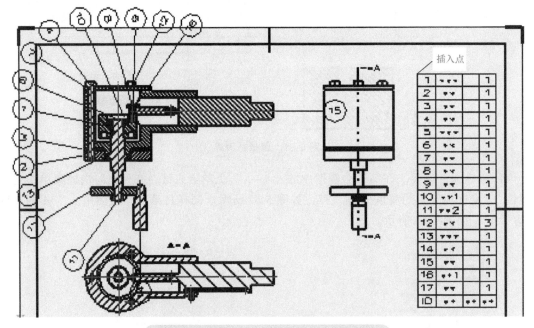

图 5-65　放置 BOM 表及创建气泡序号标注

2）编辑 BOM 表。插入 BOM 表后，有几个地方需要进一步的调整，如中文的显示、ID 位置、气泡文字等。

① 编辑 BOM 表属性。将鼠标置于 BOM 表的左下角，单击右键，在弹出的菜单中单击"属性"，出现 BOM 表的表格属性，将字体改为"宋体"，同时将字高也做适当的调整，然后确定调整，如图 5-66 所示。这样就可以显示 BOM 表中的中文字符。

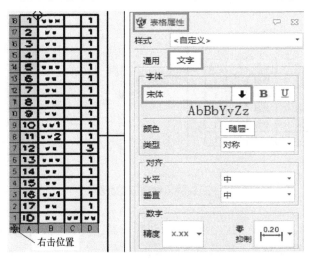

图 5-66　编辑 BOM 表属性

② 编辑 ID 序列。如果 BOM 表的 ID 号不是按从小到大排列，可做如下修改：

单击"工具"选项卡下的"属性→样式管理器…"命令，双击"BOM 表"下的"BOM Table Style（GB）-激活"，将定向内容改为"从顶部到底部"，如图 5-67 所示。

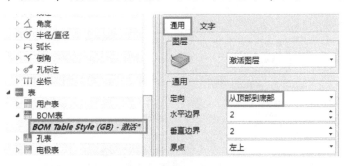

图 5-67　编辑 ID 序列

③ 编辑表头位置。表头位置现在是处于 BOM 表的最下方，如果觉得不习惯，可以将它修改到置于表格的首行位置。单击 BOM 表的左下角位置，系统会弹出"表格"工具栏，再单击"表头置顶"工具即可完成 BOM 表的修改，如图 5-68 所示。

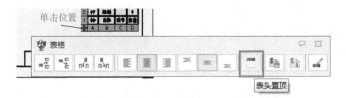

图 5-68　编辑表头位置

④ 调整 BOM 表。当完成表头置顶的操作后，注意查看 ID 序号的变化，如果想再做调整，双击 BOM 表左上角，弹出"表格式"，在选定列表中移除多余的"编号"，并将排序方式改为 A→Z 的长序排列，如图 5-69 所示。

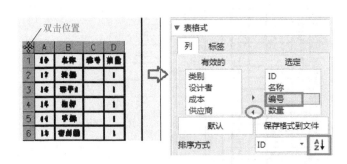

图 5-69　调整 BOM 表

⑤ 编辑气泡注释。系统自动生成的气泡注释，其文字高度、气泡大小、气泡外观、气泡位置等往往都不能符合要求，可做如下修改：

单击"工具"选项卡下的"属性→样式管理器…"命令，双击"气泡注释"下的"Balloon Style（GB）-激活"，在"通用选项"下将气泡注释内的文字改为"水平"，将"气泡尺寸"改为合适的大小，如改为"8"，如图 5-70 所示。在"文字"选项下将字高改为"2.5"，确定修改并保存。最后用鼠标拖放气泡注释的位置，达到简洁、美观为止。

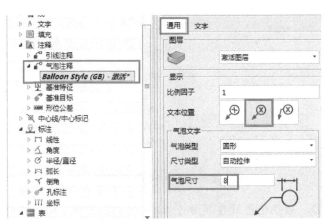

图 5-70　编辑气泡注释

⑥ 补充气泡注释。在第二个视图上并没有将本装配中所用到的 17 个组件全部表达出来，"定位销"在第二个视图上没有出现，因此气泡注释中也没有 ID 号为"5"的气泡注释，这可以手工补上。

选择"标注"选项卡下的"注释→注释"命令，选择"气泡注释"，在"位置"框上选取第三个视图的定位销上的合适位置，再在另外一个位置放置气泡，单击中键结束位置的选择；在"文字"框中输入气泡文字"5"并确定，如图 5-71 所示。

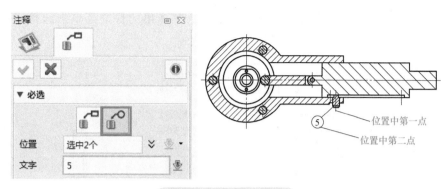

图 5-71　补充气泡注释

四、第四个视图

1）投影视图。在"布局"选项卡下选择"视图→投影"命令，"基准视图"为第三个视图，先暂时将视图投射到较高位置，以便后面的操作，如图 5-72 所示。

2）取消对齐约束。右键单击刚刚创建的投影视图的虚线框，在弹出的快捷菜单中将"对齐"前面的"√"去掉，这样该投影视图可任意拖动而不受约束，如图 5-73 所示。

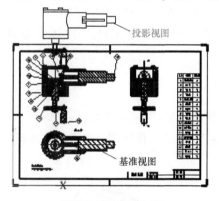

图 5-72　投影视图

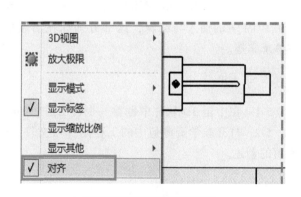

图 5-73　取消对齐约束

3）插入局部放大图。在"布局"选项卡下选择"视图→局部"命令，"基准视图"为第四个视图，使用"矩形局部视图"功能，用 2 点绘制一个矩形，"注释点"位置可以随意放置，修改放大位数为 1∶1，在放大视图"位置"栏中暂时先将局部放大图放于右侧即可，如图 5-74 所示。

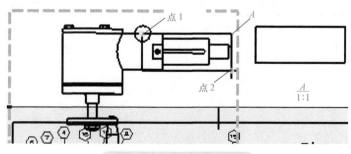

图 5-74　插入局部放大图

4）隐藏视图。右键单击第四个视图的虚线框，在弹出的快捷菜单中选择"隐藏"命令，这样就可以将该投影视图隐藏，如图 5-75 所示。

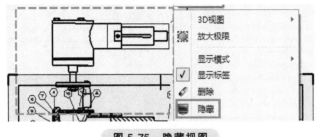

图 5-75　隐藏视图

用同样的方法，通过单击右键在弹出的快捷菜单中选择"隐藏"命令，将不需要显示的元素逐个隐藏，然后再将局部放大视图拖放到合适的位置。

5）保存文件并退出工程图。

学习小结

装配工程图的视图投射方式与前面所学习的一般零件的基本视图的操作方式基本没有太大的区别，都是要求视图简洁明了、全面、合理地表达工程的意图，在装配工程图中重点学习了 BOM 表的插入与编辑，这部分知识在后续的课程如"模具 CAD/CAM"中还会用到，应熟练掌握。

练习题

5-1　在中望 3D 软件中创建一个自己适用的标题栏模板，如图 5-76 所示。

5-2　打开教学资源包中的工程图练习文件，如图 5-77 所示，在中望 3D 软件中完成工程图的创建。

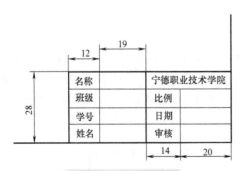

图 5-76　练习题 5-1

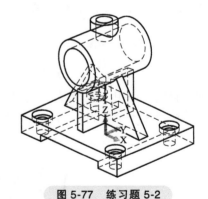

图 5-77　练习题 5-2

项目6

零件的参数化设计

本项目对标"1+X"知识点

（1）高级能力要求 1.1.2　能运用参数化设计工具，正确设置模型尺寸的参数关系。

（2）高级能力要求 1.1.4　根据工作任务要求，能运用参数关系调整工具，正确设置控制机械产品的装配关系。

（3）高级能力要求 1.1.5　能运用编辑参数关系的方法，正确配置产品系列化模型。

任务1　垫圈的参数化设计

任务目标

1. 知识目标

（1）掌握方程式管理器中参数的相关设置（参数定义与修改等）。

（2）掌握零件建模过程中参数的使用方法（草图中参数尺寸标注、拉伸过程中拉伸起始点与结束点的参数定义）。

（3）掌握零件材质和颜色的设置。

（4）了解垫片零件的类型与相关参数。

2. 能力目标

（1）通过垫片三维参数化设计让学生掌握参数的定义与参数的编辑。

（2）掌握参数在建模过程中的使用。

（3）能够根据垫片类型查阅其相关尺寸。

（4）掌握三维参数化设计一般过程。

3. 素质目标

（1）通过参数化定义过程中参数类型的选择，培养学生认真细心的工作态度。

（2）通过引导学生解决因参数定义而产生的问题，培养学生分析与解决问题的能力。

（3）通过垫片相关参数的确定，培养学生执行国家标准的意识和查阅机械设计手册的能力。

在产品设计过程中，设计师经常需要用到同样的零部件。如果每次设计时，都要对这类零件进行重新建模设计的话，不仅会增加设计师的工作量和时间成本，同时也容易出现一些人为的误差，影响产品最终效果。本项目通过实例讲解如何将各种系列化零件设计成一个全参数化的标准零件，设计师无需重复建模，根据不同产品直接调用所需零件，并设置其对应的尺寸，不仅操作灵活，更有效提高了设计师的工作效率。

在本任务中以垫圈为例，介绍全参数化、系列化标准零件的建模和相关设置，如图 6-1 所示，这是标准垫圈的尺寸，一共有 3 个参数。

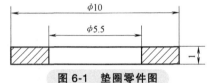

图 6-1　垫圈零件图

任务描述

完成图 6-1 中垫圈零件的参数化建模。

任务分析

本任务是参数化设计垫圈。垫圈零件有一系列的尺寸，见表 6-1。如果使用传统的三维建模方法进行建模不够快捷，本任务来讲解参数化设计在零件三维模型创建过程中的使用。通过学习让学生掌握参数化设计过程中参数的定义、修改与使用等。通过对垫圈的参数化设计让学生理解参数化设计在零件标准件三维建模中的重要性。

表 6-1　平垫圈（C 级）　　　　　　　　　（单位：mm）

规格 （螺纹大径）	内径 d_1		外径 d_2		厚度 h		
	公称 （min）	max	公称 （max）	min	公称	max	min
1.6	1.8	2.05	4	3.25	0.3	0.4	0.2
2	2.4	2.65	5	4.25	0.3	0.4	0.2
2.5	2.9	3.15	6	5.25	0.5	0.6	0.4
3	3.4	3.7	7	6.1	0.5	0.6	0.4
4	4.5	4.8	9	8.1	0.8	1	0.8
5	5.5	5.8	10	9.1	1	1.2	0.8
6	6.6	6.96	12	10.9	1.6	1.9	1.3
8	9	9.36	16	14.9	1.6	1.9	1.3
10	11	11.43	20	18.7	2	2.3	1.7
12	13.5	13.93	24	22.7	2.5	2.8	2.2
16	17.5	17.93	30	28.7	3	3.6	2.4
20	22	22.52	37	35.4	3	3.6	2.4
24	26	26.52	44	42.4	4	4.6	3.4
30	33	33.62	56	54.1	4	4.6	3.4
36	39	40	66	64.1	5	6	4
42	45	46	78	76.1	8	9.2	6.8
48	52	53.2	92	89.8	8	9.2	6.8
56	62	63.2	105	102.8	10	11.2	8.8
64	70	71.2	115	112.8	10	11.2	8.8

（规格栏左侧竖排："优选尺寸"）

（续）

规格 （螺纹大径）	内径 d_1		外径 d_2		厚度 h		
	公称 （min）	max	公称 （max）	min	公称	max	min
3.5	3.9	4.2	8	7.1	0.5	0.6	0.4
14	15.5	15.93	28	26.7	2.5	2.8	2.2
18	20	20.43	34	32.4	3	3.6	2.4
22	24	24.52	39	37.4	3	3.6	2.4
27	30	30.52	50	48.4	4	4.6	3.4
33	36	37	60	58.1	5	6	4
39	42	43	72	70.1	6	7	5
45	48	49	85	82.8	8	9.2	6.8
52	56	57.2	98	95.8	8	9.2	6.8
60	66	67.2	110	107.8	10	11.2	8.8

（规格列左侧标注：非优选尺寸）

任务实施

（1）新建零件　双击桌面"中望 3D 2021 教育版"快捷
方式，新建一个零件文件，命名为"垫圈"并保存，注意保
存位置，保存类型为默认的"＊.Z3"。

垫片设计1　　垫片设计2

（2）参数设置　选择"插入"下拉菜单的"方程式管理
器"命令，进入"方程式管理器"，如图 6-2 所示。

图 6-2　方程式管理器

根据垫圈参数输入变量，"名称"为"d1"，"表达式"为"5.5"，"描述"为"内
径"，输入完成之后单击旁边的绿色"√"图标，完成内径变量的输入，如图 6-3 所示。重
复上述操作完成垫圈外径 d2 和厚度 h 数据的输入，完成之后单击"确认"，完成外径变量
的输入，如图 6-4 所示。变量输入完成后在模型树区域表达式下会出现刚才所设置的参数，
如图 6-5 所示。

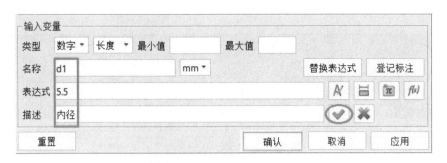

图 6-3 输入内径 d1 变量

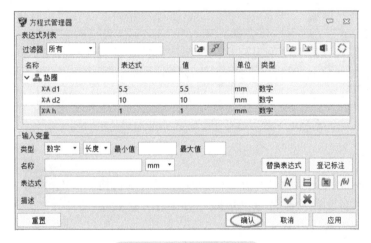

图 6-4 完成变量的输入

（3）创建拉伸 选择"造型"选项卡下的"基础造型→拉伸"命令，以 XY 工作平面为基准进入草图环境，绘制图 6-6 所示草图。双击尺寸进行修改，直接输入刚才设置的参数 d1 和 d2 为垫圈的内、外圆直径，如图 6-7 所示。退出草图后进行拉伸，"拉伸类型"选择"1 边"，"结束点 E"输入厚度参数"h"，确认完成建模，如图 6-8 所示。

图 6-5 变量显示

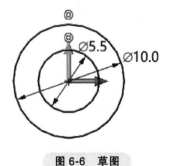

图 6-6 草图

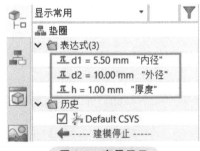

图 6-7 输入标注值

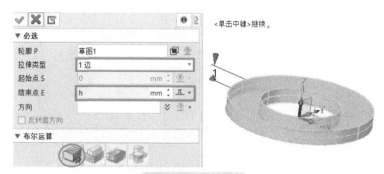

图6-8 创建拉伸

> 💡 注意：在草绘圆时，圆的尺寸需要输入直径。修改标注时要用表达式中所定义参数名称。

（4）赋予材质和颜色 选择"工具"选项卡的"材料"命令，"造型"拾取垫片，定义材料为65Mn，密度为$7.81kg/m^3$，如图6-9所示。

图6-9 定义零件材质

将过滤器更改为"造型"，选中零件然后单击右键，选择"面属性"，定义零件表面颜色，如图6-10所示。确定后退出，并保存零件。

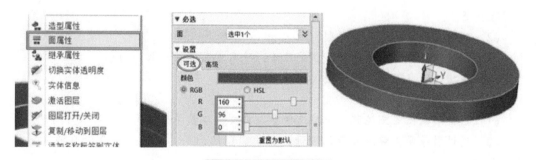

图6-10 定义零件颜色

（5）更改参数创建新垫圈 根据表6-1中数据，选择垫圈参数：d1=52mm、d2=92mm、h=8mm，双击模型树区域表达式下 d1、d2、h 数据进行更改，如图6-11所示。更改完之后单击"进行生成当前对象"生成新的模型，并且另存零件。

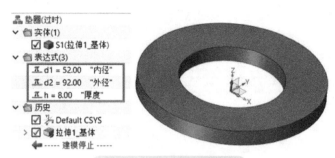

图 6-11 定义新垫圈参数

学习小结

　　垫圈零件的参数化设计难度不大，其重点是通过简单的实例操作让我们理解参数化设计在标准件中的运用。在学习的过程中，重点掌握参数选择与参数的相关设置，理解参数化设计的内涵。在熟练完成此例的基础上能够将其转移到其他标准件设计中。

任务2　六角头螺栓的参数化设计

任务目标

　　1. 知识目标

　　（1）了解螺纹基本类型与应用情况。

　　（2）掌握机械设计手册使用方法。

　　（3）掌握六角头螺栓基本参数的选择与参数的相关设置。

　　（4）掌握切除生成螺纹的方法。

　　2. 能力目标

　　（1）与机械设计基础相关理论知识相结合，培养学生能够根据使用要求选择正确的螺纹类型。

　　（2）能够正确地选择参数类型。

　　（3）能够根据螺纹型号查阅其相关尺寸，确定需定义的参数。

　　（4）掌握三维参数化设计一般过程。

　　3. 素质目标

　　（1）通过参数化定义过程中正确选择参数类型，培养学生认真细心的工作态度。

　　（2）通过引导学生解决参数化设计过程中出现的问题，培养学生分析与解决问题的能力。

　　（3）通过螺纹相关参数的确定，培养学生执行国家标准的意识和查阅机械设计手册的能力。

　　常用螺纹类型有：①三角形螺纹（即普通螺纹），三角形螺纹的牙型为等边三角形，牙

型角 $\alpha = 60°$，牙侧角 $\beta = 30°$。其牙根强度高、自锁性好、工艺性能好，主要用于连接和紧固，同一公称直径按螺距 P 大小分为粗牙螺纹和细牙螺纹。②矩形螺纹，矩形螺纹的牙型为正方形，牙厚是螺距的一半，牙型角 $\alpha = 0°$，牙侧角 $\beta = 0°$。矩形螺纹当量摩擦因数小，传动效率高，用于传动。但牙根强度较低，难于精确加工，磨损后间隙难以修复，补偿、对中精度低。③梯形螺纹，梯形螺纹的牙型为等腰梯形，牙型角 $\alpha = 30°$，牙侧角 $\beta = 15°$。梯形螺纹比三角形螺纹当量摩擦因数小，传动效率较高；比矩形螺纹牙根强度高，承载能力高，加工容易，对中性能好，可补偿磨损间隙，故综合传动性能好，是常用的传动螺纹。④管螺纹，管螺纹的牙型为等腰三角形，牙型角 $\alpha = 55°$，牙侧角 $\beta = 27.5°$。其公称直径近似为管子孔径，以 in（英寸）为单位。由于牙顶呈圆弧状，内外螺纹旋合相互挤压变形后无径向间隙，多用于有紧密性要求的零件连接，以保证紧密配合。

任务描述

完成六角头螺栓 M8×30×1.25 的参数化设计，六角头螺栓尺寸如图 6-12 所示，对应参数数值见表 6-2。普通螺纹各部分代号及尺寸如图 6-13 所示。

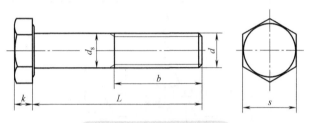

图 6-12　六角头螺栓尺寸

表 6-2　六角头螺栓对应参数数值　　　　　　　　（单位：mm）

螺纹规格 d	螺距 P	b			d_s		k		s	
		$L\leq125$	$125<L\leq200$	$L>200$	max	min	max	min	max	min
M5	0.8	16	22	35	5.48	4.52	3.875	3.125	8	7.64
M6	1	18	24	37	6.48	5.52	4.375	3.625	10	9.64
M8	1.25	22	28	41	8.58	7.42	5.675	4.925	13	12.57
M10	1.5	26	32	45	10.58	9.42	6.85	5.95	16	15.57
M12	1.75	30	36	49	12.70	11.30	7.95	7.05	18	17.57
M14	2	34	40	53	14.70	13.30	9.25	8.51	21	20.16
M16	2	38	44	57	16.70	15.30	10.75	9.25	24	23.16
M18	2.5	42	48	61	18.70	17.30	12.40	11.15	27	26.16
M20	2.5	46	52	65	20.84	19.16	13.40	11.60	30	29.16
M22	2.5	50	56	69	22.84	21.16	14.90	13.65	34	33
M24	3	54	60	73	24.84	23.16	15.90	14.10	36	35
M27	3	60	66	79	27.84	26.16	17.90	16.65	41	40
M30	4	66	72	85	30.84	29.16	19.75	17.65	46	45

（续）

螺纹规格 d	螺距 P	b			d_s		k		s	
		L≤125	125<L ≤200	L>200	max	min	max	min	max	min
M33	4	/	78	91	34.00	32.00	22.05	20.58	50	49
M36	4	/	84	97	37.00	35.00	23.55	21.45	55	54
M39	4	/	90	103	40.00	38.00	23.95	24.58	60	58.8
M42	5	/	96	109	43.00	41.00	27.05	24.95	65	63.1
M45	5	/	102	115	46.00	44.00	26.95	27.58	70	68.1
M48	5	/	108	121	49.00	47.00	31.05	28.95	75	73.1
M52	5	/	116	129	53.20	50.80	31.75	27.58	80	78.1
M56	5.5	/	/	137	57.20	54.80	36.25	33.75	85	82.8
M60	5.5	/	/	145	61.20	58.80	36.75	37.50	90	87.8
M64	6	/	/	153	65.20	62.80	41.25	38.75	95	92.8

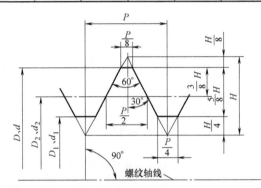

图 6-13　普通螺纹各部分代号及尺寸

普通螺纹的小径 D_1（或 d_1）计算公式如下：

$$D_1 = D - 1.0825P$$

$$d_1 = d - 1.0825P$$

通过查表及计算得到六角头螺栓 M8×30×1.25 几何尺寸，见表 6-3。

表 6-3　六角头螺栓 M8×30×1.25 几何尺寸计算

名称及代号	几何尺寸及计算公式
公称直径 d	8
螺距 P	1.25
小径 d_1	$d_1 = d - 1.0825P$
螺杆部分总长 L	30
螺纹部分总长 b	22
k	5
s	13

任务分析

螺栓是典型的标准件，需要熟练掌握使用参数化方法对标准件进行建模。在螺栓参数化设计过程中，需要在掌握螺纹基本类型和应用基础上选择需要定义的参数。切除生成螺纹法也是螺栓零件建模中的重点和难点，通过此实例进一步训练学生掌握零件的参数化建模方法，同时掌握螺栓建模过程中的重点和难点内容。

任务实施

（1）新建零件 双击桌面"中望 3D 2021 教育版"快捷方式，新建一个零件文件，命名为"六角头螺栓的参数化设计"并保存，注意保存位置，保存类型为默认的"∗.Z3"。

（2）创建草图 1 选择"插入"下拉菜单的"方程式管理器"命令，进入"方程式管理器"。根据表 6-3 中所给几何尺寸进行参数定义，定义完成之后的参数如图 6-14 所示。

注意：定义参数的过程参考垫圈的参数化定义。

（3）草绘螺栓头部尺寸 选择"造型"选项卡的"基础造型→插入草图"命令，选择"XY"平面为草绘平面，使用"正多边形"命令绘制一正六边形，标注正六边形对边尺寸，并将尺寸标注为表达式"s"，尺寸标注如图 6-15 所示。

注意：草图标注的时候一定要用表达式符号，虽然标注完结果为数值。

（4）创建草图 2 选择"造型"选项卡的"基础造型→插入草图"命令，草绘平面为"XY"平面，使用"圆"命令绘制圆并将尺寸标注为表达式"d"，尺寸标注如图 6-16 所示。

六角头螺栓参数化设计1

六角头螺栓参数化设计2

六角头螺栓参数化设计3

六角头螺栓参数化设计4

六角头螺栓参数化设计
> 实体(1)
∨ 表达式(8)
- d = 8.00 mm "公称直径"
- P = 1.25 mm "螺距"
- $d1$ = d-1.0825*P = 6.65 mm "小径"
- L = 30.00 mm "螺杆部分总长"
- b = 22.00 mm "螺纹部分总长"
- k = 5.00 mm "螺栓头厚度"
- s = 13.00 mm "螺栓头六边形对边距离"
- a = P/4 = 0.31 mm

图 6-14 定义螺栓参数

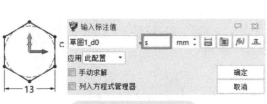

图 6-15 创建草图 1

图 6-16 创建草图 2

注意：在使用"插入草图→圆"命令绘制圆时，注意标注要选择尺寸方式为"直径"。

（5）拉伸螺栓头　选择"造型"选项卡的"基础造型→拉伸"命令，"轮廓P"选择"草图1"，"拉伸类型"选择"1边"，"结束点E"为"-k"（数值为-5mm），其他参数选择系统默认设置，如图6-17所示。

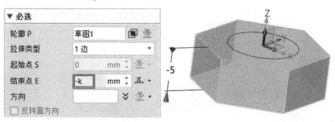

图6-17　拉伸螺栓头

（6）拉伸螺杆部分　选择"造型"选项卡的"基础造型→拉伸"命令，"轮廓P"选择"草图2"，"拉伸类型"选择"1边"，"结束点E"为"L"（数值为30mm），"布尔运算"选择"加运算"，其他参数按照系统默认设置，如图6-18所示。

（7）草绘螺纹截面　选择"造型"选项卡的"基础造型→插入草图"命令，草绘平面为"XZ"平面（或者"YZ"平面），如图6-19所示。

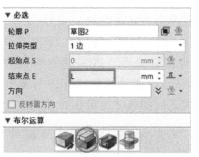

图6-18　拉伸螺杆部分

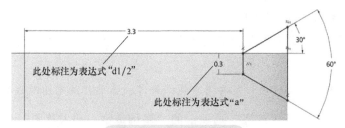

图6-19　草绘螺纹截面

（8）切除生成螺纹　选择"造型"选项卡的"工程特征→螺纹"命令，"面F"选择圆柱面，"轮廓P"选择草绘的螺纹截面，"匝数T"为表达式"b/P"，"距离D"为"-P"，"布尔运算"选择"减运算"，如图6-20所示。

思考："匝数"为什么是"b/P"；距离为什么是"-P"？

（9）对草绘螺栓头部倒角的截面　选择"造型"选项卡的"基础造型→插入草图"命令，草

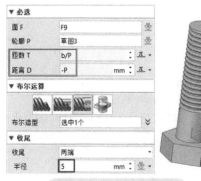

图6-20　切除生成螺纹

绘平面为"XZ"平面，如图6-21所示。

> 💡 **注意**：此截面需要保证尺寸30°以及点在线上约束。

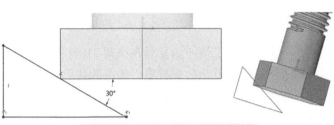

图6-21　对螺栓头部倒角的截面

（10）旋转生成螺栓头部倒角　选择"造型"选项卡的"基础造型→旋转"命令，轮廓选择草绘的螺栓头部倒角截面，"轴A"选择Z轴，"起始角度"为0°，"结束角度"为360°，"布尔运算"选择"减运算"，其他参数按照系统默认设置，如图6-22所示。

（11）螺纹起始处倒角　选择"造型"选项卡的"工程特征→倒角"命令，倒角距离为0.5mm，完成后如图6-23所示。

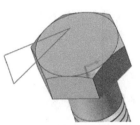

图6-22　旋转生成螺栓头部倒角　　　　图6-23　螺纹起始处倒角

（12）生成新的螺栓　设计六角头螺栓M12×50×1.75，查相关手册得到螺栓几何尺寸，见表6-4。

表6-4　六角头螺栓 M12×50×1.75 几何尺寸

基本参数	值	基本参数	值
公称直径 d	12	螺纹部分总长 b	42
螺距 P	1.75	k	7.5
小径 d_1	$d_1 = d - 1.0825P$	s	18
螺杆部分总长 L	50		

将M8螺栓参数根据表6-4修改为M12螺栓参数，修改完成之后如图6-24所示。

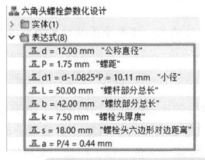

图6-24　M12×50×1.75 螺栓参数及模型

学习小结

本任务主要是为了进一步掌握在中望 3D 软件中零件参数化设计过程，在垫圈参数化设计的基础上学习较为复杂的螺栓零件的参数化设计，通过该实例分析螺栓参数化设计中参数的选择与相关设置，巩固螺栓建模过程中的切除法创建螺纹。此实例对于理解零件三维参数化设计非常重要，必须加以练习并熟练掌握。

任务3　齿轮的参数化设计

任务目标

1. 知识目标

（1）掌握渐开线圆柱齿轮的基本参数及几何尺寸的计算。

（2）能够使用渐开线方程得到渐开线。

（3）掌握标准直齿圆柱齿轮参数化的设计方法。

（4）掌握齿轮装配中约束的设置。

（5）掌握齿轮装配中的机械约束的使用方法。

2. 能力目标

（1）齿轮传动是机械设计基础的重点与难点，通过将齿轮的参数化设计与齿轮相关理论知识相结合，让学生能够更加直观地理解与掌握齿轮相关知识。

（2）齿轮参数类型比较复杂，培养学生能够正确地选择各参数类型。

（3）能够根据齿轮模数与齿数查阅机械设计手册，确定相关尺寸与需定义的参数。

（4）能够使用渐开线方程得到正确的渐开线。

（5）能够完成齿轮对的装配与机械约束。

（6）掌握三维参数化设计过程的每个环节。

3. 素质目标

（1）通过齿轮参数化定义，培养学生科学严谨的工作作风。

（2）通过引导学生解决参数化设计过程中出现的问题，培养学生分析与解决问题的能力。

（3）通过直齿圆柱齿轮相关参数的确定，培养学生执行国家标准与规范的意识。

齿轮传动是依靠主动齿轮与从动齿轮的啮合传递运动和动力，与其他传动相比，齿轮传动具有下列优点：①两轮瞬时传动比（角速度之比）恒定。②适用的圆周速度和传动功率范围较大。③传动效率较高、寿命较长。④能实现平行、相交、交错轴间传动。因此，齿轮传动应用非常广泛。

任务描述

完成标准直齿圆柱齿轮设计，并对两齿轮进行啮合传动，齿轮的基本参数及值见表 6-5。

表 6-5　标准直齿圆柱齿轮基本参数

参数	代号	表达式(或值)[①]
模数	m	6
齿数	z	23
压力角	α	20
齿高	h	22
齿顶高系数	h_a	1
齿根高系数	h_f	1.25
分度圆直径	d	m * z
基圆直径	d_b	D * cosα
齿顶圆直径	d_a	D+2 * m * Ha
齿根圆直径	d_f	D-2 * Hf * m

① 表达式中的参数形式与中望 3D 软件中保持一致。

渐开线方程表达式为

$$X1 = Db/2 * \cos(360 * t) + Db * pi * t * \sin(360 * t)$$
$$Y1 = Db/2 * \sin(360 * t) - Db * pi * t * \cos(360 * t)$$
$$Z1 = 0$$

任务分析

标准直齿圆柱齿轮是常见的机械零件，本任务分为两个部分：一是通过定义所给齿轮参数进行齿轮轮齿部分的设计。齿轮设计的关键在于参数的定义，再结合之前所学建模知识与参数化设计相关知识完成齿轮轮齿部分的设计。二是两齿轮的装配，在完成齿轮轮齿部分设计之后，根据啮合齿轮的零件尺寸完成一对啮合齿轮的设计，然后合理设置装配约束以及使用机械约束完成齿轮啮合装配。

任务实施

1. 齿轮轮齿的绘制

（1）新建零件　双击桌面"中望 3D 2021 教育版"快捷方式，新建一个零件文件，命名为"标准直齿圆柱齿轮"并保存，注意保存位置，保存类型为默认的"＊.Z3"。

齿轮参数化
设计1

齿轮参数化
设计2

（2）定义齿轮参数　选择"插入"下拉菜单的"方程式管理器"命令，进入"方程式管理器"。根据表 6-5 中所给参数进行参数的定义，完成之后的参数如图 6-25 所示。

说明：在定义齿轮参数时新增渐开线旋转角度（rou_angle）和轮齿阵列角度（Ar_angle）两个参数。参数定义完成之后会在模型树区域表达式下面显示。

（3）绘制齿轮分度圆　选择"线框"选项卡的"圆"命令，以 D 为直径绘制齿轮分度圆，如图 6-26 所示。单击右键选择"重命名"，将圆的名称改为"分度圆"，如图 6-27 所示。

说明：绘制分度圆时要注意将圆绘制在 XY 平面内，圆心为原点（0，0，0），选择"直径标注"，标注表达式"D"。

（4）绘制齿轮基圆、分度圆、齿顶圆和齿根圆　重复上述步骤分别绘制齿轮基圆、分度圆、齿顶圆和齿根圆，为了方便区分，将齿顶圆线条颜色"变为绿色"，齿根圆颜色变为蓝色，如图 6-28 所示。

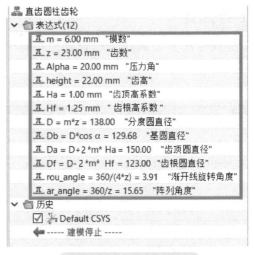

图 6-25　定义齿轮参数

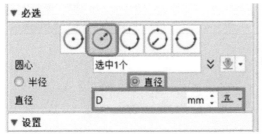

图 6-26　绘制分度圆

图 6-27　修改圆名称为"分度圆"

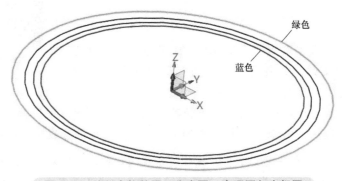

图 6-28　绘制齿轮基圆、分度圆、齿顶圆与齿根圆

（5）创建渐开线　选择"插入"下的"方程式曲线"命令，选择"渐开线"，并修改渐开线方程，得到需要的渐开线，如图6-29所示。

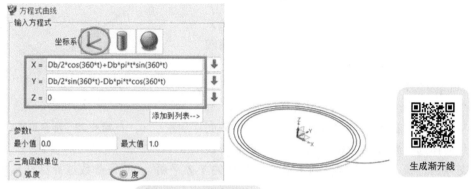

图 6-29　创建渐开线

（6）绘制原点与渐开线和基圆交点的直线　选择"线框"选项卡的"直线"命令，点1坐标（0，0，0），点2采用"曲线交点"方法，单击右键，选择"相交"命令，分别选择渐开线与基圆自动生成点2坐标，如图6-30所示。

图 6-30　绘制直线

💡 注意：选择点1与点2坐标时要注意方法。

（7）连接曲线　在"线框"选项卡下选择"编辑曲线→连接"命令，分别选取渐开线与上一步绘制的直线，将它们连接为一条曲线，如图6-31所示。

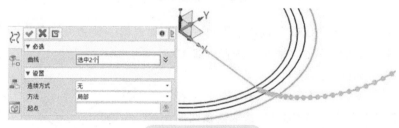

图 6-31　连接曲线

💡 注意：此步为后续步骤做准备。

（8）绘制原点与渐开线和分度圆交点的直线　选择"线框"选项卡的"直线"命令，点1坐标（0，0，0），点2采用"曲线交点"办法，单击右键，选择"相交"命令，分别

选择渐开线与分度圆自动生成点 2 坐标，如
图 6-32 所示。

（9）旋转连接曲线　在"线框"选项卡
下选择"基础编辑-移动"命令中的"绕方
向旋转"，"实体"选择刚连接的曲线，旋转
方向为 z 轴，旋转角度为表达式中的 rou_an-
gle[360/(4 * z)]，如图 6-33 所示。

（10）创建镜像平面　选择"插入"选
项卡下的"插入基准平面"命令，基准平面
几何体选择刚绘制的原点与分度圆和渐开线
交点的直线，之后选择"对齐到几何坐标的 Y-Z 平面"，其他参数选择默认设置，如图 6-34
所示。

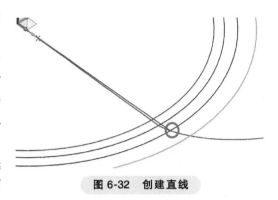

图 6-32　创建直线

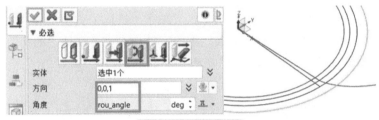

图 6-33　旋转曲线

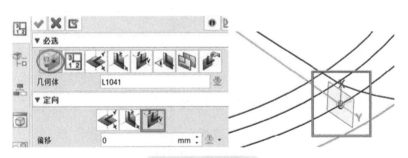

图 6-34　镜像平面

（11）镜像曲线　在"线框"选项卡下选择"基础编辑→镜像几何体"命令，"实体"
选择步骤 9 旋转之后的曲线，"平面"选择步骤 10
创建的镜像平面，如图 6-35 所示。

（12）拉伸实体　在"造型"选项卡下选择
"基础造型→拉伸"命令，"轮廓 P"选取齿顶圆曲
线（绿色曲线），"拉伸类型"选择"1 边"，"结
束点 E"选择表达式"height"，如图 6-36 所示。

说明：拉伸实体也可以放在曲线修剪之后。

（13）修剪曲线　在"线框"选项卡下选择
"编辑曲线→单击/修剪"命令进行修剪曲线，修剪

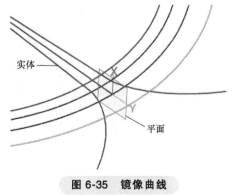

图 6-35　镜像曲线

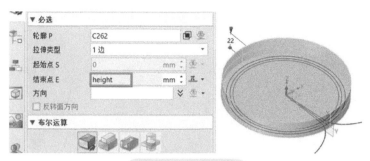

图 6-36 拉伸实体

完成后如图 6-37 所示。

（14）创建曲线列表 在绘图区域空白处单击右键，选择"曲线列表"命令，将修剪完成的 4 条曲线合成一条曲线，如图 6-38 所示。

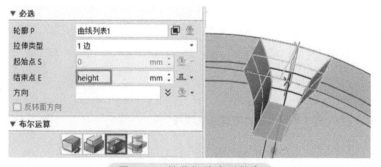

图 6-37 修剪曲线　　　　　　　　　　　图 6-38 创建曲线列表

（15）拉伸齿形轮廓 选择"造型"选项卡下的"基础造型→拉伸"命令，"轮廓 P"选择曲线列表创建的曲线，"拉伸类型"选择"1 边"，"结束点 E"选择表达式"height"，"布尔运算"选择"减运算"如图 6-39 所示。

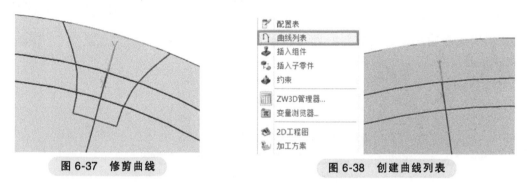

图 6-39 拉伸切除齿形轮廓

（16）阵列特征 选择"造型"选项卡下的"阵列特征"命令，阵列类型选择"圆形"，"基体"选择拉伸切除的齿形轮廓特征，"方向"选择 Z 轴，"数目"选择表达式中的"z"（齿数），"角度"为表达式中的"ar_angle"（=360/z），其他参数选择默认设置，如图 6-40 所示。

（17）完成齿轮 将不需要的曲线与基准平面进行隐藏，最终得到所需要的齿轮，如图 6-41 所示。保存文件并退出。

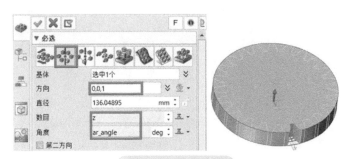

图 6-40 阵列特征

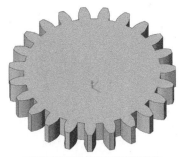

图 6-41 完成齿轮设计

（18）生成新的齿轮 若需要生成新的齿轮，只需要进入"方程式管理器"中更改相应的参数即可。如需要创建齿轮，其参数见表6-6，只要修改"方程式管理器"中齿轮模数、齿数和齿轮高等参数，如图6-42所示，选择"自动生成当前对象"生成新的齿轮如图6-43所示。另存文件并退出。

齿轮参数化中参数的修改

齿轮模数

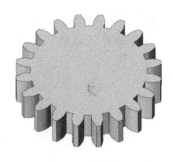

图 6-42 生成新的齿轮"方程式管理器"

图 6-43 新齿轮的设计

表 6-6 新的齿轮参数

参数	表示符号	表达式（或值）[1]
模数	m	6
齿数	z	20
压力角	α	20
齿高	h	28
齿顶高系数	h_a	1

（续）

参数	表示符号	表达式（或值）[①]
齿根高系数	h_f	1.25
分度圆直径	d	m * z
基圆直径	d_b	D * cosα
齿顶圆直径	d_a	D+2 * m * Ha
齿根圆直径	d_f	D-z * m * Hf

① 表达式中的参数形式与中望 3D 软件中保持一致。

2. 齿轮装配

（1）新建零件　双击桌面"中望 3D 2021 教育版"快捷方式，打开上面完成的"直齿圆柱齿轮"零件文件，根据图 6-44 所示齿轮零件图完成啮合齿轮 1 参数的设置，参数修改完成之后如图 6-45 所示。

齿轮装配

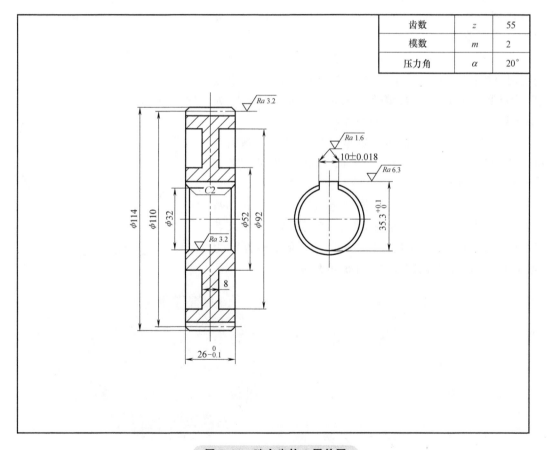

齿数	z	55
模数	m	2
压力角	α	20°

图 6-44　啮合齿轮 1 零件图

说明：只要根据啮合齿轮 1 零件图中修改模数 m、齿数 z 和齿轮高度 h，其他参数会自动生成。

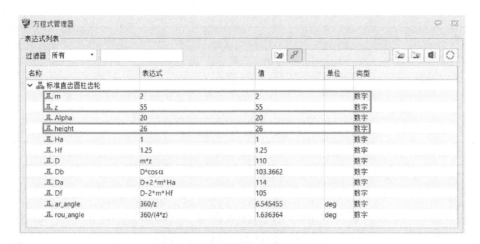

图 6-45 啮合齿轮 1 参数的设置

（2）插入草图 1 选择"造型"选项卡下"基础造型→草图"命令，以"XY"平面为草绘平面，完成图 6-46 所示草图。

（3）拉伸去除材料 1 选择"造型"选项卡下"基础造型→拉伸"命令，"轮廓 P"选择草图 1，"结束点 E"为参数"height"（数值为 26mm），"布尔运算"为"减运算"，完成实体拉伸，如图 6-47 所示。

（4）插入草图 2 选择"造型"选项卡下"基础造型→草图"命令，以"XY"平面为草绘平面，完成图 6-48 所示草图。

（5）拉伸去除材料 2 选择"造型"选项卡下"基础造型→拉伸"命令，"轮廓 P"选择草图 2，"结束点 E"为参数"height"（数值为 9mm），"布尔运算"为"减运算"，完成实体拉伸，如图 6-49 所示。

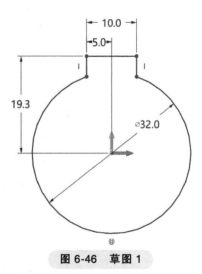

图 6-46 草图 1

图 6-47 实体拉伸

思考：此步如何使用"旋转"命令完成。

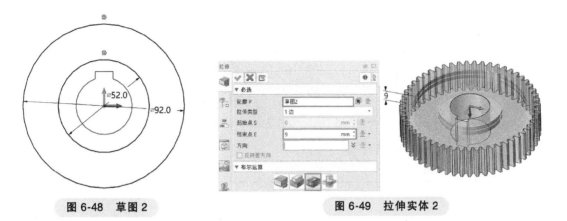

图 6-48 草图 2

图 6-49 拉伸实体 2

（6）创建镜像平面 选择"插入"选项卡下的"插入基准平面"命令，基准平面几何体选择"XY"平面，偏移距离为参数"height/2"（数值为 13mm），其他参数选择默认设置，如图 6-50 所示。

图 6-50 创建镜像平面

（7）镜像特征 在"造型"选项卡下选择"基础编辑→镜像特征"命令，"实体"选择刚拉伸切除出的槽，"平面"选择刚创建的镜像平面 2，如图 6-51 所示。

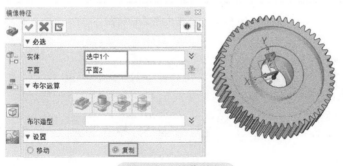

图 6-51 镜像特征

（8）创建倒角 C2 在"造型"选项卡下选择"工程特征→倒角"命令，"边 E"选择与轴配合的孔的边，"倒角距离 S"为 2mm，如图 6-52 所示。按照相同的步骤完成 C1.6mm 倒角，完成啮合齿轮 1 的设计，如图 6-53 所示。

（9）另存零件文件 选择"文件→另存为"命令，将零件命名为"啮合齿轮 1"。

（10）修改啮合齿轮 2 参数 打开"啮合齿轮 1"零件文件，根据图 6-54 所示啮合齿轮 2 零件图修改参数，完成之后如图 6-55 所示。

图 6-52　创建倒角 *C*2

图 6-53　啮合齿轮 1

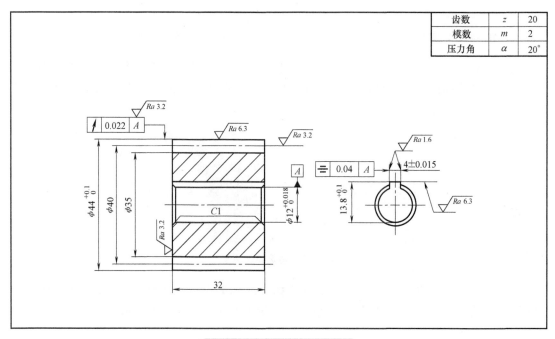

齿数	z	20
模数	m	2
压力角	α	20°

图 6-54　啮合齿轮 2 零件图

名称	表达式	值	单位	类型
标准直齿圆柱齿轮				
m	2	2		数字
z	20	20		数字
Alpha	20	20		数字
height	32	32		数字
Ha	1	1		数字
Hf	1.25	1.25		数字
D	m*z	40		数字
Db	D*cosα	37.5877		数字
Da	D+2*m*Ha	44		数字
Df	D-2*m*Hf	35		数字
ar_angle	360/z	18	deg	数字
rou_angle	360/(4*z)	4.5	deg	数字

图 6-55　啮合齿轮 2 参数的设置

　　🖝 **注意：** 由于啮合齿轮 2 没有开槽，所以需要将啮合齿轮 1 的步骤 5～步骤 7 删除，将 *C*2mm 倒角修改为 *C*1mm。同时修改草图 1 的尺寸，如图 6-56 所示。完成之后如图 6-57 所示。

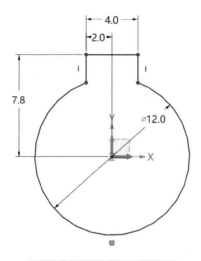

图 6-56　修改草图 1 的尺寸

图 6-57　啮合齿轮 2

（11）另存文件　选择"文件→保存→另存为"命令，将零件命名为"啮合齿轮 2"。

💡 注意：上述操作过程中不能保存文件。

知识拓展：标准直齿圆柱齿轮正确啮合的条件是：两啮合齿轮的模数和压力角必须分别相等，且等于标准值；标准齿轮采用标准中心距安装，只要满足齿轮齿数大于 17 就可保持齿轮连续传动。

（12）新建装配　选择"零件/装配"对象，并将其命名为"齿轮啮合"。

（13）定义装配参数　选择"插入"下拉菜单的"方程式管理器"命令，进入"方程式管理器"。装配需要进行参数定义，完成之后的参数如图 6-58 所示。

名称	表达式	值	单位	类型
⯂ 齿轮啮合				
⯈ m	2	2		数字
⯈ z1	55	55		数字
⯈ z2	20	20		数字
⯈ a	(z1+z2)*m/2	75		数字

图 6-58　装配参数定义

（14）插入啮合齿轮 1　选择"装配"选项卡下的"组件→插入"命令，从对象列表中选择"啮合齿轮 1"组件，将它放置在屏幕上的某个位置［不要放在（0，0，0）位置］，重复上述步骤插入啮合齿轮 2，如图 6-59 所示。

（15）添加约束　选择"装配"选项卡"约束"命令进行约束。

添加第一个对齐约束："实体 1"选择"XY"平面，"实体 2"选择啮合齿轮 1 的上表面，"偏移"为啮合齿轮高度的一半（值为 -13mm），如

图 6-59　插入啮合齿轮 1 和啮合齿轮 2

图 6-60 所示。

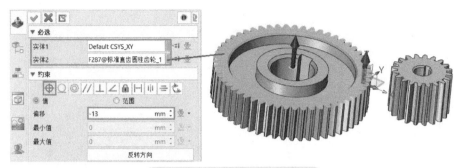

图 6-60   添加第一个对齐约束

添加第二个对齐约束："实体 1"选择"XY"平面，"实体 2"选择啮合齿轮 2 的上表面，"偏移"为啮合齿轮高度的一半（值为-16mm），如图 6-61 所示。

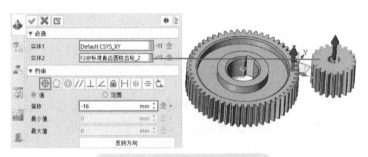

图 6-61   添加第二个对齐约束

添加第三个对齐约束：打开啮合齿轮 1 和啮合齿轮 2 外部基准，"实体 1"为啮合齿轮 1 外部基准的 Z 轴，"实体 2"为装配坐标系的 Z 轴，"偏移"为 0mm，如图 6-62 所示。

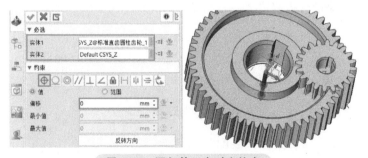

图 6-62   添加第三个对齐约束

添加第四个对齐约束："实体 1"为装配坐标系的 Z 轴，"实体 2"为啮合齿轮 2 外部基准的 Z 轴，"偏移"为参数中心距"a"（数值为 75mm），如图 6-63 所示。

添加第五个相切约束："实体 1"为啮合齿轮 2（小齿轮）齿面，"实体 2"为啮合齿轮 1（大齿轮）齿面，"约束"为"相切约束"，如图 6-64 所示。

💡 注意：第五个相切约束只是为了确定两齿轮的相对位置，当两齿轮相对位置确定之后需将此约束删除。

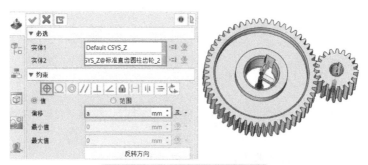

图 6-63　添加第四个对齐约束

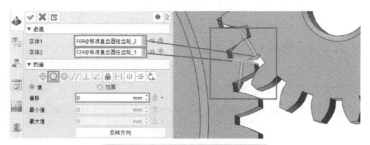

图 6-64　添加第五个相切约束

（16）添加机械约束　选择"装配"选项卡下的"约束→机械约束"命令，"齿轮1"选择啮合齿轮1（大齿轮）上表面，"齿轮2"选择啮合齿轮2（小齿轮）上表面，"约束"选择"齿数"，再对应输入两齿轮齿数（大齿轮齿数 $z_1 = 55$，小齿轮齿数 $z_2 = 20$），如图6-65所示。

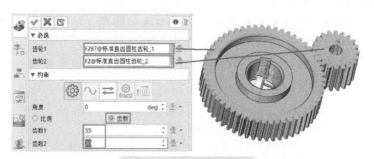

图 6-65　添加机械约束

💡注意：添加完机械约束之后，可以使用"装配"选项卡下"基础编辑→拖拽"命令，拖动并查看两齿轮的运动情况。

（17）保存装配文件　保存后并退出软件。

学习小结

　　齿轮的参数化设计比垫圈与螺栓的参数化设计要复杂得多，但是只要掌握了三维参数化建模的实质，就能灵活运用。通过本实例的学习，学生能够掌握以下知识点：直齿圆柱齿轮轮齿部分的设计相关知识；一对啮合齿轮能够正确啮合与连续运动需要满足的条件；一对啮合齿轮装配过程中约束的选择与机械约束的运用方法。

任务4　斜齿圆柱齿轮的参数化设计

任务目标

1. 知识目标

（1）掌握斜齿圆柱齿轮的基本参数与几何尺寸计算。

（2）掌握斜齿圆柱齿轮旋向的判断。

（3）掌握斜齿圆柱齿轮定义参数时函数的使用，如 deg（X）函数、atan（X）函数等。

（4）掌握斜齿圆柱齿轮齿形的创建。

2. 能力目标

（1）斜齿圆柱齿轮传动比直齿圆柱齿轮传动更为复杂，它是与机械设计基础的重点与难点，将其与相关理论知识相结合，让学生能够更加直观地理解与掌握斜齿圆柱齿轮相关知识。

（2）斜齿圆柱齿轮参数类型比较复杂，培养学生能够正确地选择各参数类型。

（3）能够根据齿轮模数与齿数查阅机械设计手册，确定相关尺寸与需定义的参数。

（4）掌握三维参数化设计过程的每个环节。

3. 素质目标

（1）通过齿轮参数化定义，培养学生严谨的工作态度。

（2）通过引导学生解决参数化设计过程中出现的问题，培养学生分析与解决问题的能力。

（3）通过斜齿圆柱齿轮相关参数的确定，培养学生执行国家标准与规范的意识及查阅机械设计手册的能力。

任务描述

完成斜齿圆柱齿轮的三维参数化建模，斜齿圆柱齿轮的基本参数见表6-7。

任务准备

由于斜齿轮的螺旋形轮齿使一对轮齿的啮合过程延长、重合度增大，因此斜齿圆柱轮相较直齿圆柱齿轮传动更加平稳、承载能力更大。斜齿圆柱齿轮的基本参数如下：

（1）螺旋角 β　假设将斜齿轮沿其分度圆柱面展开，此时分度圆柱面与齿轮相贯的螺旋线展开成一条直线，它与轴之间的夹角为 β。β 用于表示斜齿轮轮齿的倾斜程度，一般取 $\beta = 8° \sim 10°$，如图6-66所示。斜齿圆柱齿轮旋向可分为左旋和右旋，其判别方法如下：面对轴线，若齿轮螺旋线右高左低，为右旋；反之则为左旋，如图6-67所示。

（2）模数 m　斜齿圆柱齿轮的模数分为法向模数 m_n 和端面模数 m_t。其中将与轴线垂直的平面称为端面，与轮齿线垂直的平面称为法向，它们之间的关系式如下

$$m_n = m_t \cos\beta$$

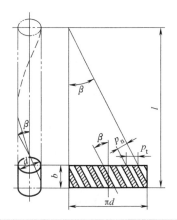

图 6-66   斜齿圆柱齿轮分度圆柱展开图

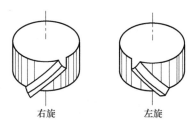

右旋   左旋

图 6-67   斜齿圆柱齿轮旋向判断

（3）压力角 α 斜齿圆柱齿轮的压力角分为法向压力角 α_n 和端面压力角 α_t，它们之间的关系式如下

斜齿圆柱齿轮
左旋右旋判断

$$\tan\alpha_n = \tan\alpha_t \cos\beta$$

（4）齿顶高系数 h_a^* 和顶隙系数 c^* 斜齿圆柱齿轮的齿顶高和齿根高不论是从法向或者端面看都是相同的，因此

$$h_a = h_{an}^* m_n = h_{at}^* m_t$$

$$h_f = (h_{an}^* + c_n^*) m_n = (h_{at}^* + c_t^*) m_t$$

对于正常齿制斜齿圆柱齿轮，法向齿顶高系数 $h_{an}^* = 1$ 和法向顶隙系数 $c_n^* = 0.25$。

（5）当量齿数 z_v 过斜齿圆柱齿轮齿线上任一点做法平面，与分度圆柱交线为一椭圆。椭圆上该点附近的齿廓，可视为斜齿圆柱齿轮的法向齿廓。以椭圆在该点的曲率半径 ρ 为分度圆半径，以斜齿轮的法向模数为模数，法向压力角 α_n 做一直齿圆柱齿轮，其齿廓与斜齿轮的法向齿廓近似相同。将该直齿圆柱齿轮称为该斜齿圆柱齿轮的当量齿轮，其齿数称为斜齿轮的当量齿数，用 z_v 表示。当量齿数与实际齿数之间的关系如下

$$z_v = \frac{z}{\cos^3\beta}$$

斜齿圆柱齿轮的基本参数与几何尺寸计算公式见表 6-7。

表 6-7   斜齿圆柱齿轮的基本参数与几何尺寸计算公式

基本参数	代号	计算公式（或值）
法向模数	m_n	6
齿数	z	23
螺旋角	β	15°
法向压力角	α_n	20°
齿轮高	h	22

（续）

基本参数	代号	计算公式（或值）
法向齿顶高系数	h_{an}^{*}	1
法向顶隙系数	c_{n}^{*}	0.25
齿顶高	h_a	$= h_{an}^{*} m_n = m_n$
齿根高	h_f	$= (h_{an}^{*} + c_{n}^{*}) m_n = 1.25$
齿高	h	$= h_a + h_f = 2.25 m_n$
分度圆直径	d	$= m_n z / \cos\beta$
基圆直径	d_b	$= d^{*} \cos\alpha_t$，其中 $\alpha_t = \arctan(\tan\alpha_n / \cos\beta)$
齿顶圆直径	d_a	$= d + 2h_a = m_n (z/\cos\beta + 2)$
齿根圆直径	d_f	$= d - 2h_f = m_n (z/\cos\beta - 2.5)$
左旋/右旋	Left_Right	左旋 $= -1$/右旋 $= 1$

斜齿圆柱齿轮轮齿方向采用螺旋上升椭圆曲线方程，其中

$$x = \frac{d}{2} \sin(\text{Left\_Right} \beta t)$$

$$y = \frac{d}{2} \cos(\text{Left\_Right} \beta t)$$

$$z = ht$$

任务分析

　　斜齿圆柱齿轮相对于直齿圆柱齿轮在参数定义方面更加的复杂，选择不同的几何尺寸计算公式将影响到参数的定义与选择。本例不仅需要使用到直齿圆柱齿轮参数设计相关知识点，如分度圆、基圆、齿顶圆和齿根圆曲线绘制等，其难点有：①参数定义方面，斜齿圆柱齿轮采用的是法向参数，但是在基圆直径计算的时候采用了端面压力角，将法向压力角转为端面压力角需要选择正确的函数才能完成；②在定义参数时需要使用到 deg（X）函数和 atan（X）函数等比较复杂的函数；③创建螺旋上升椭圆曲线时需要根据生成曲线的位置设置曲线方程中的 cos、sin 函数。

任务实施

　　（1）新建零件　双击桌面"中望 3D 2021 教育版"快捷方式，新建一个零件文件，命名为"斜齿圆柱齿轮参数化设计"并保存，注意保存位置，保存类型为默认的 *.Z3。

斜齿轮参
数化设计

　　（2）定义齿轮参数　选择"插入"下拉菜单的"方程式管理器"命令，进入"方程式管理器"。根据表 6-7 中所给参数进行参数定义，定义完成后如图 6-68 所示。

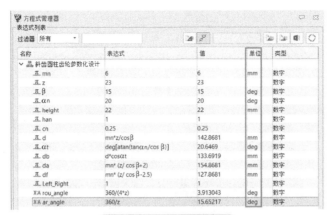

图 6-68 定义齿轮参数

说明：在定义齿轮参数时新增渐开线旋转角度（Rou_angle）和轮齿阵列角度（Ar_angle）两个参数，同时要注意变量类型（常量、角度和长度等）的选择，对于变量为常数则选择常量。参数定义完成之后会在模型树区域表达式中显示。

（3）绘制齿轮分度圆　选择"线框"选项卡的"圆"命令，以 d 为直径绘制齿轮分度圆，如图 6-69 所示。单击右键，选择"重命名"，将圆的名称改为"分度圆"，如图 6-70 所示。

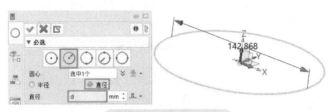

图 6-69 绘制分度圆

说明：绘制分度圆时要注意将圆绘制在 XY 平面内，圆心为原点（0，0，0），选择"直径标注"，标注表达式"d"。

图 6-70 修改圆名称为"分度圆"

（4）绘制齿轮基圆、分度圆、齿顶圆和齿根圆　重复上述步骤分别绘制齿轮基圆、分度圆、齿顶圆和齿根圆，为了方便区分，将齿顶圆线条颜色变为绿色，齿根圆颜色变为蓝色，如图 6-71 所示。

（5）插入渐开线　选择"插入"选项卡下的"方程式曲线"命令，选择"渐开线"并

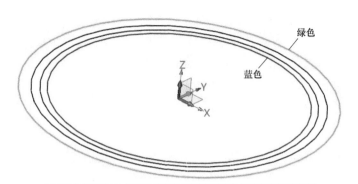

图 6-71　绘制齿轮基圆、分度圆、齿顶圆和齿根圆

修改渐开线方程得到需要的渐开线，如图 6-72 所示。

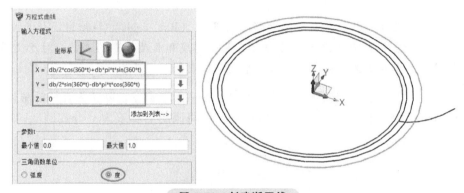

图 6-72　创建渐开线

（6）绘制原点与渐开线和基圆交点直线　选择"线框"选项卡的"直线"命令，点 1 坐标（0，0，0），点 2 采用"曲线交点"命令，单击右键，选择"相交"命令，分别选择渐开线与基圆自动生成点 2 坐标，如图 6-73 所示。

图 6-73　建立点 2 坐标

💡 注意：在选择点 1 与点 2 坐标时要注意方法。

（7）绘制原点与渐开线和分度圆交点直线　选择"线框"选项卡的"直线"命令，点 1 坐标（0，0，0），点 2 采用"曲线交点"命令，单击右键，选择"相交"命令，分别选择渐开线与分度圆自动生成点 2 坐标，如图 6-74 所示。

（8）连接曲线　在"线框"选项卡下选择"编辑曲线→连接"命令，分别选取渐开线与上一步绘制的直线，将它们连接为一条曲线，如图 6-75 所示。

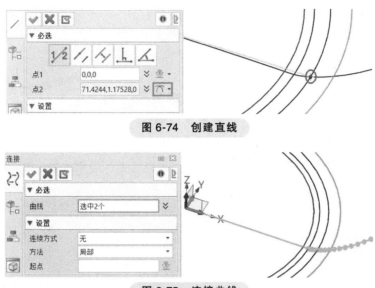

图 6-74 创建直线

图 6-75 连接曲线

> 💡 **注意**：此步为后续步骤作准备。

（9）旋转连接曲线 在"线框"选项卡下选择"基础编辑→移动"命令，选择"绕方向旋转"方式，"实体"选择刚连接的曲线，旋转方向为 Z 轴，旋转角度为表达式中"rou_angle[360/(4 * z)]"，如图 6-76 所示。

图 6-76 旋转曲线

（10）创建镜像平面 选择"插入"选项卡下的"插入基准平面"命令，基准平面几何体选择刚绘制的原点与分度圆和渐开线交点的直线，之后选择"对齐到几何坐标的 Y-Z 平面"，其他参数选择默认设置，如图 6-77 所示。

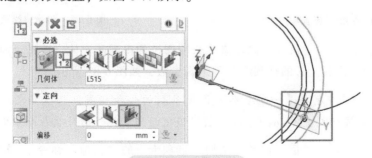

图 6-77 镜像平面

（11）镜像曲线　在"线框"选项卡下选择"基础编辑→镜像几何体"命令，"实体"选择刚旋转之后的曲线，"平面"选择刚创建的镜像平面，如图6-78所示。

（12）拉伸实体　在"造型"选项卡下选择"基础造型→拉伸"命令，"轮廓P"选取齿顶圆曲线（绿色曲线），"拉伸类型"选择"1边"，"结束点"选择表达式"height"，如图6-79所示。

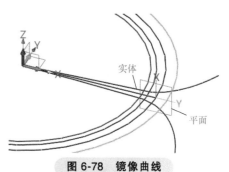

图6-78　镜像曲线

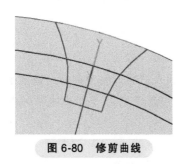

图6-79　拉伸实体

> **说明：** 拉伸实体也可以放在曲线修剪之后。

（13）曲线修剪　在"线框"选项卡下选择"编辑曲线→单击/修剪"命令进行修剪曲线，完成之后如图6-80所示。

（14）创建曲线列表　在绘图区域空白处单击右键，选择"曲线列表"命令，将修剪完成的4条曲线合成一条曲线，如图6-81所示。

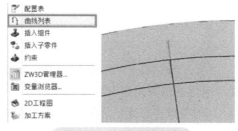

图6-80　修剪曲线　　　　　　　　图6-81　创建曲线列表

（15）插入螺旋上升椭圆线　隐藏齿顶圆轮廓拉伸得到的实体，选择"插入→方程式曲线"命令，选择"螺旋上升的椭圆线"并编辑参数，如图6-82所示。

> 👁 **注意：** 公式中的符号一定要和所设置参数的代号相同，包括英文字母的大小写。同时思考问题：将公式中的cos与sin函数对换之后的变化。为什么在此步需要对换？

（16）扫掠创建齿廓模型　选择"造型"选项卡下的"扫掠"命令，"轮廓"选择之前创建的曲线列表，"路径"选择刚创建的螺旋上升椭圆线，得到图6-83所示造型。

图 6-82 插入螺旋上升的椭圆线

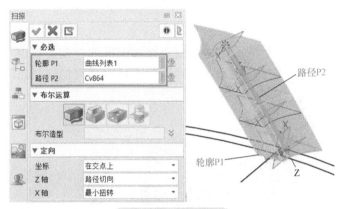

图 6-83 扫掠造型

（17）面偏移 显示齿顶圆轮廓拉伸得到的实体，将会发现扫掠所得造型有未超出实体部分，这样在进行布尔减运算时会出现问题，因此需要对造型进行面偏移处理。选择"造型"选项卡下的"面偏移"命令，再选择扫掠造型的顶面与左侧面作为面偏移对象，偏移距离为 2mm（只要让造型超出实体即可），得到图 6-84 所示造型。

图 6-84 面偏移

（18）阵列几何体 选择"造型"选项卡下的"阵列几何体"命令，"阵列类型"选择"圆形阵列"，"基体"选择上一步面偏移所得到的造型，"方向"为 Z 轴，"数目"用表达式 "z"，"角度"用表达式 "ar_angle"，其余为系统默认参数，如图 6-85 所示。

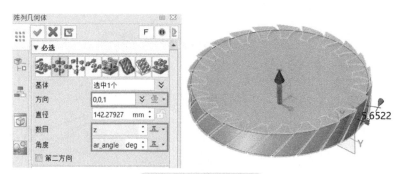

图 6-85　阵列几何体

思考：为什么选择阵列几何体而不是选择阵列特征？同学们可以试试阵列特征得到的结果如何？

（19）布尔减运算修剪实体　选择"造型"选项卡下的"编辑模型→移除实体"命令（即布尔减运算），"基体"选择圆柱体，"移除"选择刚阵列得到的几何体，如图 6-86 所示；隐藏不需要的曲线等，得到图 6-87 所示斜齿圆柱齿轮。

图 6-86　移除实体

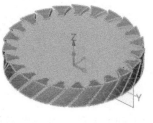

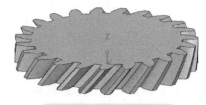

图 6-87　斜齿圆柱齿轮

（20）修改参数得到左旋斜齿圆柱齿轮　选择"插入→方程式管理器"命令，其他参数不变，将齿数 z 改为 30，齿轮高度 height 改为 20mm，左旋/右旋参数 Left_Right 参数改为 -1（此参数为 -1 表示左旋，1 表示右旋），如图 6-88 所示。单击"自动生成当前对象"命令，得到图 6-89 所示左旋斜齿圆柱齿轮。

名称	表达式	值	单位	类型
∨ 斜齿圆柱齿轮参数化设计				
mn	6	6	mm	数字
z	30	30		数字
β	15	15	deg	数字
αn	20	20	deg	数字
height	20	20	mm	数字
han	1	1		数字
cn	0.25	0.25		数字
d	mn*z/cosβ	186.3497	mm	数字
αt	deg[atan(tanαn/cosβ)]	20.6469	deg	数字
db	d*cosαt	174.3807	mm	数字
da	mn*(z/cosβ+2)	198.3497	mm	数字
df	mn*(z/cosβ-2.5)	171.3497	mm	数字
Left_Right	-1	-1		数字
rou_angle	360/(4*z)	3	deg	数字
ar_angle	360/z	12	deg	数字

图 6-88　修改斜齿圆柱齿轮旋向参数

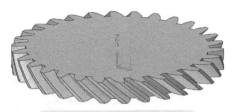

图6-89 左旋斜齿圆柱齿轮

学习小结

斜齿圆柱齿轮的三维参数化设计是一个综合实例，它的难度比较大，它不仅要求学生熟练掌握中望3D软件相关操作，还要求学生具有较好的数学基础，能够解决斜齿圆柱齿轮法向参数与端向参数间的相互转换，来实现斜齿圆柱齿轮参数的合理定义。同时，学生在绘图过程中能够根据画图过程来调整螺旋上升椭圆曲线方程。通过此实例的学习，不仅进一步锻炼学生掌握零件三维参数化建模的能力，还培养了其分析问题与解决问题的能力。

练习题

6-1 用参数化设计法完成内六角螺栓 M20×40 的三维建模。

6-2 用参数化设计法完成图 6-90 中齿轮的三维建模。

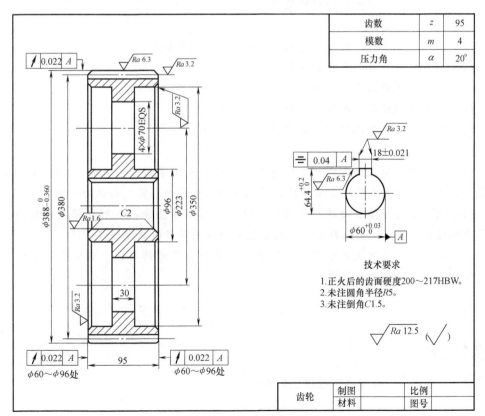

图 6-90 练习题 6-2

项目7

考证实例讲解

任务目标

1. 知识目标

(1) 通过零件图的转换实现对脚丫按摩器零件的建模。

(2) 曲线列表的使用。

(3) 拉伸、圆角、抽壳和面偏移命令的使用。

(4) 曲线投影和曲面分割命令的使用。

(5) 草图中参考线的选择和转换。

(6) 查询功能在实际应用中的使用。

2. 能力目标

(1) 能够通过零件图的转换完成脚丫按摩器的三维建模。

(2) 能够根据建模的需要正确创建曲线列表。

(3) 能够根据要求正确选择拉伸、圆角、抽壳和面偏移命令。

(4) 能够正确使用曲线投影和曲面分割命令。

(5) 能够正确使用草图中参考线的选择和转换。

3. 素质目标

(1) 通过脚丫遥控器三维模型的创建，让学生熟练掌握通过零件图的转换创建三维模型的方法，让学生将此方法转换到其他模型的创建中，实现知识的迁移。

(2) 通过引导学生解决建模时出现的问题，培养学生分析与解决问题的能力，通过解决问题获得的成就感来提升学生对制造相关专业学习的热爱程度。

(3) 通过学生自主完成学习任务培养其养成独立思考的习惯，让学生以小组形式进行学习，增强团队协作精神。

任务描述

完成图 7-1 中脚丫按摩器三维模型的创建。

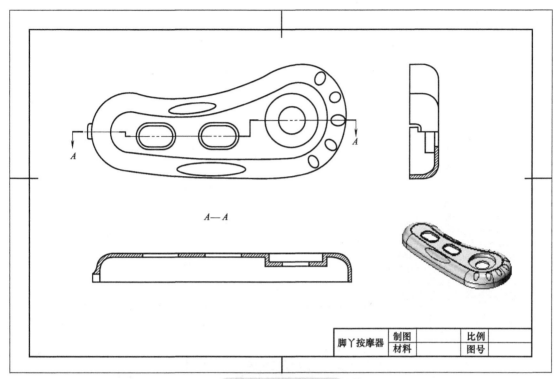

图 7-1　脚丫按摩器

任务分析

　　对于一些已经有二维图的零件，为了加快零件建模的速度，可以直接拾取二维图上的线条要素，进行相关命令的操作来实现零件的快速建模。本例来自考证实例，为脚丫按摩器的零件图，要将其导入到中望 3D 软件直接进行零件的建模。

任务实施

　　（1）新建零件　双击桌面"中望 3D 2021 教育版"快捷方式，新建一个零件文件，命名为"脚丫按摩器"并保存。注意保存位置，保存类型为默认的"＊.Z3"。

　　（2）导入脚丫按摩器零件图

　　1）单击"打开"图标，进入文件选择界面。

　　2）选择脚丫按摩器零件图文件存储位置。

　　3）选择文件类型。

　　4）选择零件图格式（后缀为 dwg），双击即可打开文件，如图 7-2 所示。

　　说明：为了视图整洁，可删除零件图的边框线（不删除也可以）。

　　（3）移动俯视图和左视图至正确位置

　　1）旋转俯视图和左视图。将俯视图和左视图进行旋转，旋转角度为 90°，如图 7-3 所示。

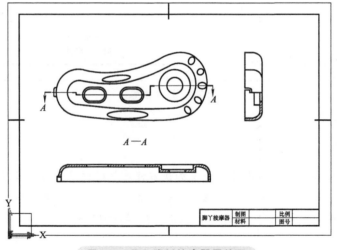

图 7-2　导入脚丫按摩器零件图

> **说明：** 操作步骤为选择"移动"命令，进入"移动"命令栏，选择"绕方向旋转"方式 ，"实体"选择俯视图或左视图，"方向"选择底线，角度为90°。在选择方向过程中，要注意底线箭头的转向。

2）移动俯视图和左视图。将俯视图和左视图进行移动，移动至正确位置，如图 7-4 所示。步骤如下。

① 单击"移动"图标，进入"移动"命令栏。

② 选择"点到点移动"方式。

③ 实体选择框选俯视图。

④ 起始点选择俯视图底线最左点。

⑤ 目标点选择主视图最左线的中点，如图 7-4 所示，单击"确定"完成俯视图的移动。用同样的方式移动左视图，左视图的起始点和目标点如图 7-5 所示。

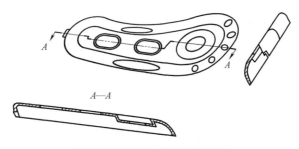

图 7-3　旋转俯视图和左视图

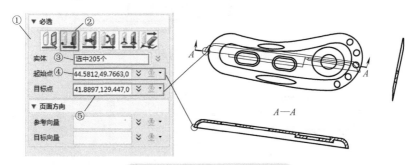

图 7-4　移动俯视图和左视图

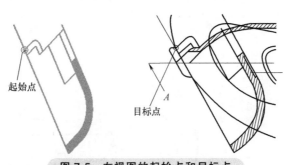

图 7-5　左视图的起始点和目标点

（4）创建曲线列表 1　在绘图区空白处单击鼠标右键，选择"曲线列表"命令，按住<Shift>键，"曲线选择"图 7-6 所示相连曲线，单击"确定"完成曲线列表 1 的建立。

（5）拉伸实体　在"造型"选项卡下选择"基础造型→拉伸"命令，"属性过滤器"选择"曲线列表"，"轮廓 P"为曲线列表 1，"拉伸类型"为 2 边，"起始点 S"为"0"，"结束点 E"选择"目标点"，"点"选择左视图最顶点，单击"确定"完成实体拉伸，如图 7-7 所示。

> 说明：结束点的选择也可以通过软件直接测出零件的高度值，直接进行赋值。

（6）倒圆角　在"造型"选项卡下选择"基础造型→圆角"命令，按住<Shift>键，"边 E"选择实体上边缘，"半径 R"为"9"，如图 7-8 所示。

> 说明：半径值可通过测量左视图或俯视图的圆角来具体获得。

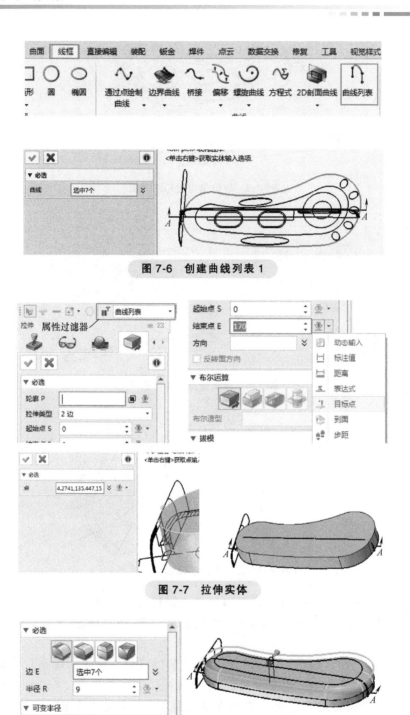

图 7-6　创建曲线列表 1

图 7-7　拉伸实体

图 7-8　倒圆角

（7）创建曲线列表 2　在绘图区空白处单击鼠标右键，选择"曲线列表"命令，将 D/A 工具栏中显示形式改成"线框"模式 ✐ ◈ 🔲 ◌ ◈ ，"曲线选择"图 7-9 所示的位置。

（8）切除实体　在"造型"选项卡下选择"基础造型→拉伸"命令，"属性过滤器"选择"曲线列表"，"轮廓 P"为曲线列表 2，"拉伸类型"为 2 边，"起始点 S"选择"目标

点"，"点"选择俯视图最顶点，"结束点 E"选择"目标点"，
"点"选择俯视图圆槽最底点，"布尔运算"选择"减运算"，
单击"确定"完成实体拉伸，将 D/A 工具栏中显示形式改成
"线框"模式 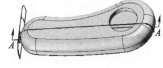，如图 7-10 所示。

（9）抽壳　在"造型"选项卡下选择"基础造型→抽壳"
命令，"造型 S"为实体，"厚度 T"为"-2"，"开放面 O"为
实体底面，如图 7-11 所示。

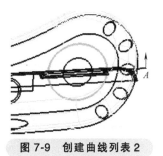

图 7-9　创建曲线列表 2

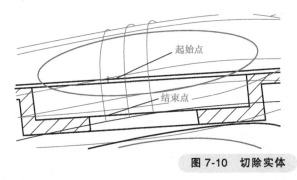

起始点

结束点

图 7-10　切除实体

说明：通过测量零件二维图可知整体零件的厚度都为 2mm。

（10）创建曲线列表 3　在绘图区空白处单击鼠标右键，选择"曲线列表"命令，将
D/A 工具栏中显示形式改成"线框"模式 ，按住 <Shift> 键，"曲线"选择
图 7-12 所示位置。

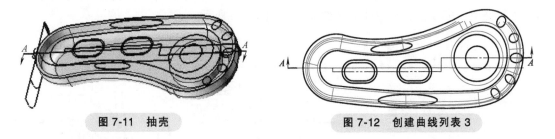

图 7-11　抽壳　　　　　　　　　　　图 7-12　创建曲线列表 3

说明："曲线列表"在一次命令当中可以选择多条。

（11）切除实体　在"造型"选项卡下选择"基础造型→拉伸"命令，"属性过滤器"
选择"曲线列表"，"轮廓 P"为曲线列表 3，"拉伸类型"为 2 边，"起始点 S"选择"目标
点"，"点"选择俯视图最顶点，"结束点 E"选择"目标点"，"点"选择俯视图圆槽最底
点，"布尔运算"选择"减运算"，单击"确定"完成实体拉伸，将 D/A 工具栏中显示形式
改成"线框"模式 ，如图 7-13 所示。

（12）创建曲线列表 4　在绘图区空白处单击鼠标右键，选择"曲线列表"命令，将 D/A
工具栏中显示形式改成"线框"模式 ，按住 <Shift> 键，"曲线"选择图 7-14 所
示的位置。

（13）切除实体　在"造型"选项卡下选择"基础造型→拉伸"命令，"属性过滤器"

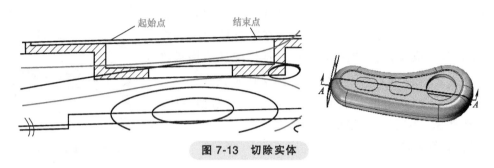

图 7-13 切除实体

选择"曲线列表","轮廓 P"为曲线列表 3,"拉伸类型"为 2 边,"起始点 S"为"0","结束点 E"为"20","布尔运算"选择"减运算",单击"确定"完成实体拉伸,将 D/A 工具栏中显示形式改成"线框"模式 ✏ 🔷 🔲 ⬡ ▾ ⬢ ▾,如图 7-15 所示。

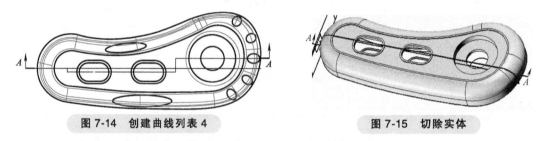

图 7-14 创建曲线列表 4   图 7-15 切除实体

（14）绘制草图 1 选择"造型"选项卡下的"基础造型→插入草图"命令,草绘平面为 XY 基准面,选择"参考"工具,拾取图 7-16a 中的参考线,确定后框选拾取的参考线,单击右键选择"切换类型",再单击鼠标右键,选择"解除约束",曲线变成黑色之后再对曲线进行修剪,完成修剪后退出草图绘制,如图 7-16c 所示。

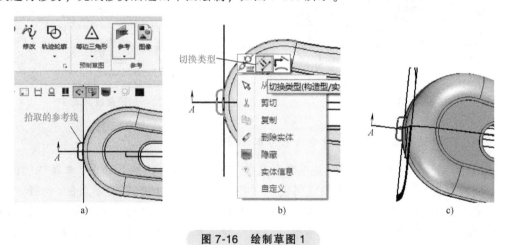

a)   b)   c)

图 7-16 绘制草图 1

（15）拉伸实体 在"造型"选项卡下选择"基础造型→拉伸"命令,"属性过滤器"选择"草图" 📊 草图 ,"轮廓 P"为草图 1,"拉伸类型"为 2 边,"起始点 S"为"0","结束点 E"选择"目标点","点"选择俯视图小台阶最顶点,"布尔运算"选择"加运算",单击"轮廓 P"右边的"位置点选择" 轮廓P 草图1 ▣ ▾ ,选择图 7-17

所示区域，单击"确定"完成实体拉伸，如图 7-17 所示。

图 7-17　拉伸实体

（16）倒圆角　在"造型"选项卡下选择"基础造型→圆角"命令，"边"选择小凸台两边缘，"半径 R"为"2"，如图 7-18 所示。

（17）倒圆角　在"造型"选项卡下选择"基础造型→圆角"命令，按住<Shift>键，"边"的选择如图 7-18 所示，"半径 R"为"1"，如图 7-19 所示。

图 7-18　倒圆角

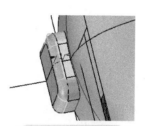

图 7-19　倒圆角

（18）创建曲线列表 5　在绘图区空白处单击鼠标右键，选择"曲线列表"命令，将 D/A 工具栏中显示形式改成"线框"模式 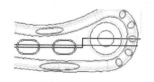，按住<Shift>键，"曲线"选择图 7-20 所示的位置。

图 7-20　创建曲线列表 5

（19）曲线投影 1　选择"线框"选项卡下的"投影到面"命令，将 D/A 工具栏中显示形式改成"着色"模式 ，"曲线"为曲线列表 5，"面"选择相关位置，"方向"选择 Z 轴，如图 7-21 所示。

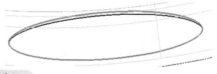

图 7-21　曲线投影 1

（20）曲面分割　选择"曲面"选项卡下的"曲线分割"命令 ，"曲面"为相关投影曲线位置上的面，"曲线"为投影曲线，如图 7-22 所示。

说明：在选择"曲面"时"属性过滤器"需设置为"曲面" 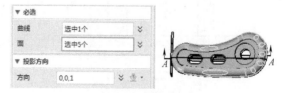；在选择"曲线"时，"属性过滤器"需设置为"曲线" 。

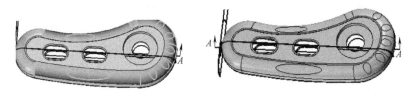

图 7-22　曲面分割

（21）面偏移　在"造型"选项卡下选择"面偏移"命令，"面 F"选择分割的曲面，"偏移 T"为"-0.5"，如图 7-23 所示。

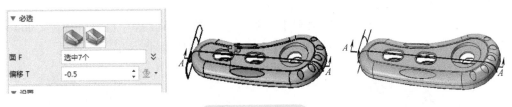

图 7-23　面偏移

（22）绘制草图 2　选择"造型"选项卡下的"基础造型→插入草图"命令，草绘平面为 YZ 基准面，选择"参考"工具，拾取如图 7-24 所示参考线，确定后框选拾取的参考线，单击鼠标右键，选择"切换类型"，将参考线变成实线，再选择"基础造型→镜像"命令，"实体"选择两条实体线，"镜像线"选择中间参考线，退出草图绘制，结果如图 7-24 所示。

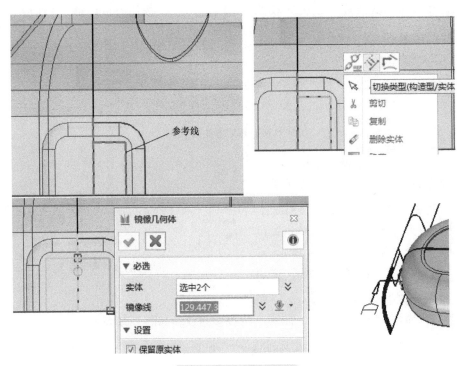

图 7-24　绘制草图 2

（23）切除实体　在"选择"选项卡下选择"基础造型→拉伸"命令"，"属性过滤器"选择"草图"，"轮廓"为草图2，"拉伸类型"为2边，"起始点"为0，"结束点"为80，"布尔运算"选择"减运算"，单击"确定"完成实体拉伸，将D/A工具栏中显示形式改成"线框"模式 ✏ 🗇 🗇 🗇▾ 🗇▾ ，选择合适位置观察切除效果，如图7-25所示。

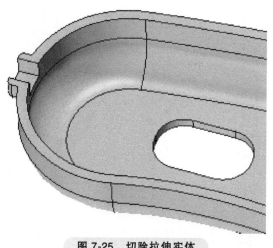

图7-25　切除拉伸实体

（24）完成三维建模　隐藏XY、XZ、YZ基准面及二维曲线，关闭"三重轴显示"，保存模型，如图7-26所示。至此，完成脚丫按摩器的三维建模。

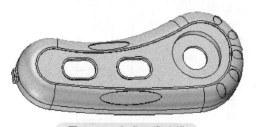

图7-26　完成三维建模

学习小结

本任务主要通过已有脚丫按摩器的二维图直接拾取其上的线条要素进行零件的三维建模。

练习题

7-1　用中望3D软件完成图7-27所示减速器机盖的三维建模。

7-2　用中望3D软件完成图7-28所示接线盒的三维建模。

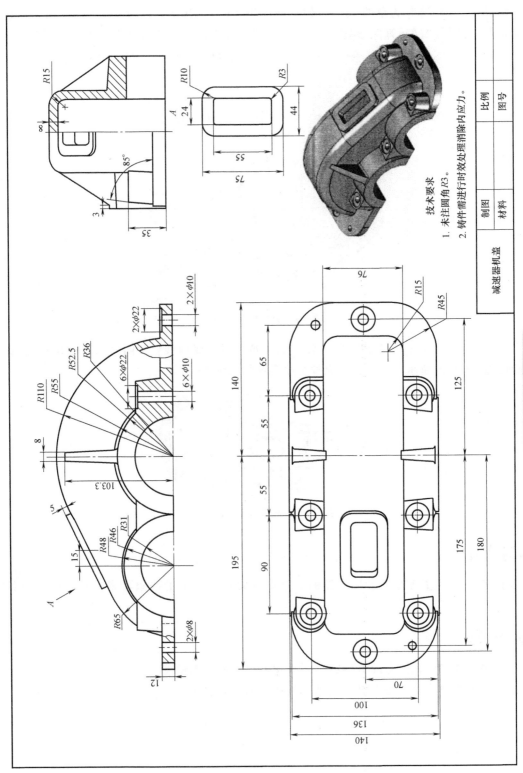

技术要求
1. 未注圆角R3。
2. 铸件需进行时效处理消除内应力。

减速器机盖

	比例	图号
制图		
材料		

图 7-27 练习题 7-1

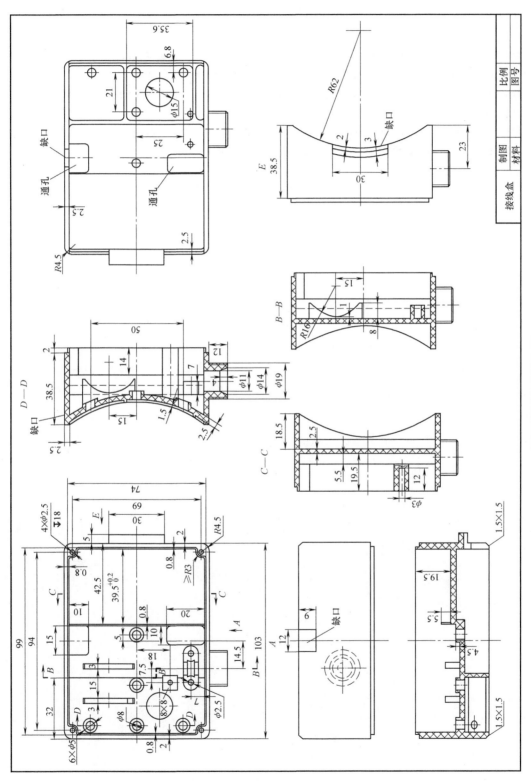

图 7-28 练习题 7-2

参 考 文 献

［1］ 付宏生，王文. 产品开发与模具设计：从国赛到教学 ［M］. 北京：机械工业出版社，2014.

［2］ 王卫兵. Cimatron E 学习情境应用教程 ［M］. 北京：清华大学出版社，2010.

［3］ 赖新建，杜智敏. Cimatron E8.0 中文版产品模具设计入门一点通 ［M］. 北京：清华大学出版社，2007.

［4］ 罗伟贤，韩庆国. CAD/CAM—Cimatron E 应用 ［M］. 北京：机械工业出版社，2009.

［5］ 柴鹏飞，赵大民. 机械设计基础 ［M］. 北京：机械工业出版社，2017.